창의성의
기원

에드워드 윌슨

창의성의 기원

인간을 인간이게 하는 것

The Origins of Creativity

이한음 옮김

사이언스북스
SCIENCE
BOOKS

'인문학'이라는 용어는 다음과 같은 연구와 해석을 포함하지만 거기에만 한정된 것은 아니다. 현대어와 고전어를 포함한 언어, 언어학, 문학, 역사학, 법학, 철학, 고고학, 비교 종교학, 윤리학, 예술의 역사와 비평과 이론, 인문학적 내용을 지니고 인문학적 방법을 쓰는 사회 과학의 여러 측면, 우리의 다양한 유산과 전통과 역사를 반영하는지에 특히 주의를 기울이면서 인문학을 인간 환경에 적용하고, 인문학을 현재의 국민 생활 조건과 관련지어서 연구하는 분야.

— 미국 국립 예술 인문학 재단법(1965년 개정)

창의성이란 무엇이고, 어떻게 발휘될까? 그리고 애초에 어떻게 생겨났고, 어떻게 하면 더 확장할 수 있을까?

이 책은 이런 질문들에 답하고자 한다. 저자는 인류와 다른 동물들을 구별하는 가장 중요한 특징이 바로 창의성이라고 본다. 우리만이 진정한 의미의 창의성을 발휘한다. 덕분에 과학을 토대로 한 첨단 기술 문명까지 이루었다.

그런데 창의성 하면 본래 예술을 비롯한 인문학 쪽에서 내세우는 가장 근본적인 특성이 아니던가? 하지만 저자는 전작들에서도 말했듯이, 인문학이 뿌리와 단절된 상태로 놓여 있기에 인문학이 내세우는 창의성도 좁은 범위에 갇혀 있다고 본다. 인문학은 사실상 신석기 혁명 이후만을 고려 대상으로 삼는데, 그때쯤에는 우리가 인간의 본성이라고 하는 것들도 이미 다 형성된 뒤이기에, 출발할 때부터 이미 시야가 좁아진 상태라는 것이다.

더 나아가 저자는 인문학이 그렇게 편안하게 좁은 세계에 안주하려고 하다 보니, 사람들로부터 점점 존중을 받지 못하는 상황에 처해 왔다고 말한다. 과학이 세상 만물의 궁극적 원인을 찾으려고 애쓴 결과로 세상은 빠르게 변해 왔건만, 인문학은 궁극 원인에 별 관심이 없었다는 것이다.

예술과 인문학이 자랑하는 창의성의 궁극 원인은 무엇일까? 즉 창의성은 어디에서 유래한 것일까? 그냥 인간이 본래 지닌 속성이라고 받아넘기고, 이용만 하면 될까?

저자는 그런 태도가 창의성의 잠재력을 억제하는 것이라고 본다. 예를 들어, 인간은 주로 시각과 청각에 의지하는 별난 종이라서, 곤충 세계의 주된 의사 소통 수단인 페로몬을 감지하지 못한다. 그러나 생태계를 이루는 종들은 대부분 후각적 수단을 주로 쓴다. 그러니 우리는 지구의 가장 주된 의사 소통 수단에 관해 사실상 거의 모르고 있는 셈이다. 과학이 밝혀낸 그런 사실들까지 고려하면, 우리의 창의성도 더 확장되지 않을까?

저자는 이렇게 과학이 밝혀낸 사실들을 받아들이고 토대로 삼을수록 인문학도, 창의성도 범위가 넓어질 수 있다고 본다. 인문학이나 과학이나 궁극적으로 추구하는 것은 인간의 자기 이해다. 그런데 그런 목표를 달성하고자 하면서, 왜 좁은 시야 안에서만 머물러 있으려 하는 것일까? 더 넓혀서 과학적 인문학과 인문학적 과학으로 통합을 도모한다면, 진정한 자기 이해에 더 가까워질 수 있지 않겠는가? 그만큼 창의성도 더 발휘되지 않을까?

저자는 이런 안타까움을 드러내는 한편으로, 그런 융합이 이루어질 것이라는 희망도 피력한다. 그리고 그런 융합을 이루기 위해서 무엇을 해야 하고, 어떤 방향으로 나아가야 할지도 조언하고 있다.

저자는 과학과 인문학이 하나가 될 때, 새로운 계몽 운동이 일어날 것이라고 내다본다. 그리고 그 계몽 운동의 중심은 과학이 아니라 인문학이 될 것이고, 위신을 잃었던 철학도 다시금 복권될 것이라고 본다. 과학은 사실적 지식을 제시하지만, 그런 지식이 가치 있는지를 판단하는 것은 인문학이기 때문이다. 우리에게 가치 있는지만 중요한지, 다른 생물 종들과 지구 전체에 가치가 있는지도 중요한지를 판단하는 것도 인문학의 몫이어야 한다. 그리고 그렇게 사고의 폭을 확장하려면, 과학과 인문학을 더 깊이 융합함으로써 인간이라는 존재가 과연 어떤 의미를 지니고 있는지도 더욱 깊이 이해하려는 노력을 해야 한다.

즉 이 책은 창의성이라는 화두를 인간의 이해와 존재
의미라는 방향으로 끌고 나간다. 짧은 글에 많은 내용을 압
축한 책이다.

판데믹의 첫해의 끝에서
이한음

차례

인문학은 상징 언어, 즉 우리 종을 다른 모든 종과 극적으로 구별해 주는 유일무이한 능력에서 출현했다. 언어는 뇌의 구조와 공진화하면서 인간이라는 동물의 마음을 해방시켜서 창의적이 되도록, 그리하여 시간적으로 공간적으로 무한히 많은 다른 세계들을 상상하고 그 속으로 들어갈 수 있도록 했다. 우리는 그 능력을 얻었지만, 내가 I부에서 보여 주려는 것처럼 고대 영장류 조상의 감정도 버리지 않고 간직하고 있다. 우리가 대강 인문학이라고 부르는 것의 핵심을 이루는 이 조합이야말로 우리가 유달리 발전했으면서, 유달리 위험한 이유다.

사자에게 진 늑대. 추락한 자존심의 우화.
벤저민 칼슨(Benjamin Carlson),
「늑대와 그 그림자(The Wolf and His Shadow)」(2015년).

1
창의성의
범위

창의성(creativity)은 우리 종을 정의하는 독특한 형질이다. 그리고 창의성의 궁극적 목표는 자기 이해다. 우리가 무엇이며, 어떻게 여기까지 왔고, 운명이라는 것이 있다면 어떤 운명이 앞으로의 역사적 궤적을 결정할지를 이해하는 것이다.

그렇다면 창의성이란 무엇일까? 그것은 독창성을 향한 내면적 추구다. 창의성의 원동력은 새로운 것을 좋아하는 인간의 본능이다. 새로운 실체와 과정의 발견, 기존 도전 과제의 해결과 새로운 과제의 발굴, 예기치 않았던 사실과 이론의 심미적 놀라움, 새로운 얼굴의 기쁨, 새로운 세계의 전율 같은 것들이다. 우리는 창의성이 일으키는 감정 반응의 크기에 따라서 창의성을 평가한다. 창의성을 좇아서 안으로는 우리가 공통으로 지닌 마음의 가장 깊은 곳으로 들어가고, 바깥으로는 우주 전체의 실상을 상상한다. 성취한 목표는 또 다른 목표로 이어지고, 탐구는 결코 끝나지 않는다.

학문의 두 주요 분야인 과학과 인문학은 우리가 창의성을 추구할 때 서로를 보완하는 역할을 한다. 둘 다 혁신이라는 동일한 뿌리에서 나왔다. 과학의 세계는 우주에서 가능한 모든 것이다. 인문학의 세계는 인간의 마음이 상상할 수 있는 모든 것이다.

인문학과 과학이 조합된 정신을 바탕으로 우리는 우주의 어디로든 갈 수 있고, 어떤 힘이든 손에 넣을 수 있으며, 시간과 공간에서 무한을 탐색할 수 있다. 물론 우리 모두가 지닌 무모한 추측과 동물적인 열정에 지배당할 때, 우리의 억제되지 않은 환상이 광기로 전락할 수 있다는 것도 사실이다. 존 밀턴(John Milton, 1608~1674년)은 인간 조건이 처한 위험을 이렇게 표현했다.

마음은 그 자체로 있다.
지옥을 천국으로, 천국을 지옥으로 만들 수 있다.

따라서 마음이 방대하면서 낯선 영역으로 쉽사리 여행

을 떠나는 대신에, 익숙한 작은 공간을 오가면서 이리저리 맴도는 쪽을 선호하는 것은 아마 축복일 수 있다. 게다가 대개 사람들은 홀로 자기 생각을 곱씹는 것을 좋아하지 않는다. 최근에 버지니아 대학교와 하버드 대학교의 심리학자들은 실험 참가자들이 6분 동안 홀로 생각에 잠긴 채 가만히 앉아 있는 것조차도 싫어한다는 것을 발견했다. 차라리 세속적인 바깥 활동을 하는 쪽을 더 좋아했다. 달리할 일이 아예 없을 때는 차라리 스스로에게 전기 충격을 가하는 행동을 택했다.

과학이든 인문학이든 창의성을 포함해 어떤 생물학적 현상을 온전하게 설명하기 위해서는 세 수준의 질문에 대해 생각해 보아야 한다. 첫째, 그 어떤 살아 있는 실체나 과정 — 하늘을 나는 새, 해를 향해 뻗는 백합, 이 문장을 읽는 독자 — 을 떠올릴 때 첫 번째로 할 질문은 이것이어야 한다. 그것은 무엇일까? 그런 뒤 그 현상을 정의하는 구조와 기능을 밝혀낸다. 그것이 음악이나 공연을 수반한다면, 연주나 연기를 해 본다. 두 번째 수준의 질문은 이런 것이다. 그것은 어떻게 형성되었을까? 어떻게 존재하게 된 것일까? 10초 전이든 1,000년 전이든 간에 기원 조건을 조성한 사건들은 무엇이었을까? 세 번째이자 마지막 수준의 질문은 이렇다. 애초에 그 현상과 그 선결 조건은 왜 존재하는 것일까? 이 행성에 다른 종류의 생각하는 뇌를 만들어 냈을지도 모를 다른 진화 양상은 왜 없는 것일까?

과학자들은 이 세 수준 모두에서 생명 현상을 연구한다. 대체로 그들은 스케일과 디테일에 상관없이 실체와 과정을 골라 '무엇', '어떻게', '왜'라는 질문을 던진다.

그러나 생물학자들은 세 수준 모두를 관통하는 원인과 결과를 탐구하고 싶어 한다. 아마 다른 과학자들보다 더욱더 그러할 것이다. 새가 나는 것이나 우리가 꽃의 색깔을 알아보는 것 같은 생명 현상의 원인을 생물학자들은 '근접 원인(proximate cause)'이라고 한다. 또 그런 현상이 나타나게끔 진화를 현재 상태로 유도한 사건들은 '궁극 원인(ultimate cause)'이라고 한다. 근접 원인은 완전한 설명 중에서 '무엇'과 '어떻게'에 해당한다. 궁극 원인은 '왜'에 해당한다.

인간을 포함한 생물의 삶에 대한 과학적 설명에는 으레 근접 원인과 궁극 원인이 둘 다 포함된다. 대조적으로 인문학은 기껏해야 근접 원인 탐구와 설명에만 초점을 맞춘다. 궁극 원인은 「창세기」나 고대 외계인 방문자나, 인간의 마음 깊숙한 곳에 있다는 '두렵고도 매혹적인 신비(mysterium tremendum et fascinans)'에 떠넘기는 경향이 있다. 한 예로, 당신 앞에 놓인 꽃잎의 붉은색을 생각해 보자. 다른 모든 색깔처럼 그 붉음도 시각 스펙트럼을 이루는 전자기 스펙트럼의 특정 대역이 우리 감각 기관을 자극해서 인지된 것이다. 망막에 있는 붉은색에 민감한 원뿔세포가 붉음을 감지하는 수용기다. 이 세포는 신호를 뇌 겉질의 중계 지점으로 전달하고, 그곳에서 신호는 겉질 뒤쪽으로 전달된 뒤, 지각과 감정의 단위로 통합되어서 의식을 관장하는 앞뇌의 중추들로 다시 전달된다. 그럼으로써 우리는 "붉다."라고 말할 수 있게 된다. (또는 자신의 모국어에 따라서 "rot", "rouge", "krasnyy", "bombu"라고 말한다.)

이런 내용을 밝혀낸 과학자들은 최근 수십 년 사이에 색깔 인지에 관여하는 유전자들이 들어 있는 DNA 영역들의 상호 작용까지 분석해 냈다.

따라서 과학적 연구는 인간 색각의 수수께끼에서 가장 바깥쪽 테두리에 놓인 것을 풀기 직전까지 왔다. 그럼으로써 궁극 원인이라는 더욱 깊은 질문으로 나아가는 길을 연 것이다. 인간은 왜 전자기 스펙트럼에서 가시광선에 해당하는 좁은 대역의 특정 스펙트럼만 볼 수 있고, 바깥의 적외선이나 자외선 같은 파장의 빛들은 보지 못하는 것일까? 그리고 더 깊은 질문들도 있다. 색각을 포함해 지구 생명의 모든 과정을 규정하는 암호를 지닌 화학 물질이 왜 다른 것이 아닌 DNA일까? 우리는 생명을 품은 외계 행성들에서 근본적으로 다른 암호를 찾게 될 것이라고 예상해야 할까?

또 애초에 그냥 흑백만 구별하지 않고 색깔을 보게 된 이유
는 무엇일까?

이런 왜라는 질문들에 답하려면 선사 시대를 재구성해
야 한다. 우리 종이 선행 인류로부터 진화한 기간, 더 나아
가 현재 우리가 지닌 뇌와 감각의 기본 특성들이 최초의 영
장류 조상들에게서 형성되던 수천만 년 전까지로 거슬러
올라가야 한다.

인문학자들은 전통적으로 '무엇'이라는 질문만을 다뤄
왔다. '어떻게'라는 질문은 때때로 가볍게 건드리는 정도였
다. 그러나 '왜'라는 질문의 세계로는 거의 진출한 적이 없
다. 그들은 약 1만 년 전, 신석기 시대의 여명기에 이미 다
갖추어져 있던 감각과 감정의 구체적인 생물학적 특성들을
기반으로 삼는다. 따라서 인문학의 내용은 거의 전적으로
신석기 시대 이후의 것이다. 창작 예술, 언어학, 역사학, 법
학, 철학, 윤리학, 신학이 그렇다.

인간이 갖춘 지능과 감정의 집합이 창의성을 낳을 수
있는 유일한 조합처럼 보일 수도 있다. 아니, '느낄'이라는
표현이 더 나을지도 모르겠다. 거의 40억 년에 걸쳐 형성된
우리 종 특유의 이 형질은 어떤 독특한 특징을 지닌 진화
과정이나, 아니면 우리 계통만 특별하게 보듬은 신의 손길
을 필요로 하는 양 보일지도 모른다.

수천 년 동안 종교 사상을 지배해 온 가설인 후자는 틀린 것이 거의 확실하다. 우리는 자연에서 고도의 사회 조직을 출현시킨 다른 도약대들을 쉽게 찾아낼 수 있다. 그중에는 시간이 더 있었다면 인간 수준까지 진화를 추동했을 법한 도약대들도 있는 듯하다. 아프리카와 남아메리카에서 놀라운 만치 커다란 둔덕을 만드는 흰개미를 생각해 보라. 이들은 학술적으로 큰흰개미아과(Macrotermitinae)에 속한다. 흙과 배설물을 섞어서 빚은 여러 층으로 된 그 흙더미 둥지는 사람의 키보다 더 높이 솟아오르기도 하며, 그 안에는 수십만 마리에서 수백만 마리의 흰개미들이 우글거리고 있다. 사람의 주거지처럼 그들의 주거지도 절묘하게 설계되어 있다. 정교한 환기 통로망을 갖춤으로써 열 대류 현상을 통해 탁한 공기는 흰개미가 우글거리는 방에서 위쪽으로 올라가서 둔덕 바깥으로 흘러나가고, 대신에 주변의 지표면으로부터 신선한 공기가 계속 유입되면서 순환되는 집을 짓는 종도 있다. 각 큰흰개미 둥지에는 불임인 일개미들이라는 프롤레타리아트와 그들의 부모이자 모든 번식을 책임지는 왕족이 한 쌍 있다. 이런 체제가 어떻게 가능할까? 우리의 엄지손가락 2개를 붙인 것만 한 거대한 여왕은 아주 작은 알을 끊임없이 줄줄이 낳는다. 일개미들은 몸집에 따라 계급이 나뉘고 각자 하는 일이 다르다. 머리가 크고 몸을 사리지 않고 사납게 달려드는 병사들로 이루어진 군대 계급도 있다. (수리남에서 나는 엄지와 검지 사이의 막에 박힌 언월도 모양의 흰개미 턱을 남의 도움을 받아서야 겨우 빼낼 수 있었다.)

흰개미들은 둔덕 속 지하 수 미터 깊이에 파놓은 미로 같은 통로와 방에서 지낸다. 두 상황만 예외다. 처녀 여왕과 그 구혼자들이 새 군락(colony)을 만들기 위해 혼인 비행을 할 때와 밤에 죽은 식물 쪼가리를 찾아서 일개미들이 우르르 몰려나올 때다. 흰개미집에 귀를 가까이 대면(너무 가까이는 말고!) 그 무수한 작은 발들이 바닥을 디딜 때 내는 "시이이이" 하는 소리가 희미하게 들린다. 흰개미들은 밤에 모은 이 식물 쪼가리들을 이용해 지하 정원에서 식용 버섯을 재배한다.

큰흰개미는 진정한 '초유기체(superorganism)'다. 각 군락의 집단 지능은 인간이나 다른 포유동물의 수준에 훨씬 못 미치며, 대부분의 새도 그들보다 지능이 더 뛰어나지만, 홀로 생활하는 곤충보다는 훨씬 뛰어나다. 하지만 그들의 창의성은 0이다. 그들이 인간 수준까지 진화했다고 가정해 보자. 그들의 이른바 '흰개미다움(termitery)'에는 다음과 같은 특징들이 포함될 것이다. 절대적인 어둠 선호(그리고 햇빛이 조금이라도 비칠라치면 드라큘라처럼 공황 상태에 빠진다.), 오로지 기르는 버섯만으로 이루어진 식단, 왕족만 갖는 성관계, 같은 종인지 아닌지를 가리지 않고 침입자는 모조리 살해하는 것 등이다. 군락에서 병들거나 다친 개체는 즉시 단호하게 잡아먹는다. 병원도, 동정심도 없다.

한번 생각해 보라. 앞으로 한두 세기 안에 우주 기술이 발달하면서 우리는 다른 행성계에 있는 행성들, 즉 외계 행성들을 처음으로 가까이 살펴보게 될 가능성이 높다. 그러면 곧바로 생명의 증거를 찾으려는 노력이 본격화될 것이다. 생명이 발견되고 지적 생명체도 한두 종 산다는 사실이 드러날지도 모르므로 우리는 그런 상황에 미리 대비를 해 두어야 한다.

2
인문학의
탄생

인문학은 그리스 미케네의 구전 서사, 초기 수메르의
이야기를 담은 점토판, 왕조 이전 시대 이집트의 신상에서
탄생한 것이 아니다. 그런 흔적들 모두 생긴 지 1만 년도
채 안 된다. 우리 종의 역사 전체에 비하면 눈 깜박할 시간
이다. 게다가 인문학의 기원은 쇼베와 술라웨시의 동굴 벽
화나 슈바벤 유라 산맥에서 발굴된 새 뼈로 만든 피리에서
찾을 수도 없다. 각각의 분야에서 가장 오래되었다고 알려
진 이 인공물들은 기껏해야 3만 년 전에 만들어졌다.

인문학은 그보다 훨씬 전, 100만 년 전쯤에 탄생했다.
곰곰이 생각할 때 논리적으로 가장 그럴듯한 장소와 상황
에서 태어났다. 인류 최초의 야영지, 밤에 피운 모닥불 불

가에서였다.

이러한 결론은 고고학, 인류학, 심리학, 뇌과학, 진화 생물학이라는 다양한 분야의 연구자들이 내놓은 성과들을 서로 맞추어 보고 재구성함으로써 얻은 것이다. 과학과 인문학 양쪽의 성배인, 인류라는 종 자체의 기원을 탐구해 온 노력의 산물이다. 그 결론은 역사가 문화적 진화의 이야기이고, 선사 시대가 유전적 진화의 이야기임을 상기시킨다. 선사 시대는 문화적 역사 이전에 어떤 일이 일어났는지 알려줄 뿐 아니라, 인류라는 종 전체가 왜 다른 어떤 궤적이 아니라 특정한 궤적만을 남겼는지를 말해 준다.

잠시 시간의 심연을 들여다보자. 인류가 걸었을 수도 있을 다양한 궤적들을 비교하기 위해 연구자들은 현생 구세계 영장류들을 살펴본다. 계통학적으로 보아서 우리와 가장 가까운 현생 사촌들인 원숭이들과 유인원들이다. 그 영장류들은 인간 출현의 전제 조건일 가능성이 가장 높은 것에 가까운 단계들을 보여 준다.

나는 사회성 진화에 초점을 맞춘 생물학자로서 야생에서 두 종을 관찰하는 기쁨을 누린 바 있다. 버빗원숭이와 개코원숭이(비비)다. 또 선구적인 영장류 학자 스튜어트 알트먼(Stuart Altmann, 1930~2016년)의 안내를 받아서 반야생 상태의 붉은털원숭이 무리에서 사흘을 보낸 적도 있다. 에머리 대학교 여키스 영장류 연구소에서 칸지(Kanzi)와 점심을 먹기도 했다. 칸지는 그 연구소에서 키우면서 집중적으로 연구된 보노보다. 피그미침팬지라고도 하는 칸지의 종은 모든 영장류 중에서 인간과 가장 가깝다고 여겨진다.

연구자들은 이런 종들이 깨어 있는 시간 대부분을 자기 영역을 돌아다니면서 먹이를 찾는 일에 쓴다는 것을 밝혀 냈다. 유대감 형성, 지배와 복종, 그루밍(grooming, 털 고르기), 구애, 짝짓기, 새끼 돌보기, 먹이의 발견과 수확, 지도력, 순응 같은 사회적 상호 작용에 쓰는 시간은 더 적다.

구세계 원숭이와 유인원을 연구하는 이들은 최근 들어 각 집단의 구성원이 다른 개체들을 지켜보거나 그들과 상호 작용하면서 무엇을 배우는가에 초점을 두고 연구를 수행하고 있다. 그들이 이런 사회적 정보를 어떻게 이용하는지 집중 연구한다. 과학자들은 이렇게 묻는다. 그 개체가 무리의 다른 개체를 흉내 낼 때, 정확히 무엇을 흉내 내는 것일까? 정확한 움직임일까, 아니면 움직임의 결과일까? 예를 들어, 다른 개체가 간식거리인 메뚜기를 잡기 위해 풀줄기를 뒤로 젖힌다면, 관찰자는 그 행동으로부터 무엇을 배우게 될까? 뒤집힌 풀줄기에서 먹이가 나온다는 것일까, 아니면 먹이를 얻기 위해 풀줄기를 뒤집는 행동일까?

개체가 무리 구성원 각각을 구별하고, 각자의 행동을

이해하고 예측할 수 있고, 더 나아가 그런 행동이 어떤 결과를 낳을 가능성이 높은지를 이해하기만 하면, 그 지식을 유리하게 활용할 수 있다. 집단에 가장 중요한 것은 관찰하는 동물이 언제 어떻게 경쟁하거나 협력할지를 아느냐다. 지식을 토대로 한 경쟁과 협력의 상호 작용은 성공적인 사회 조직의 플라이휠이다.

가장 낮은 수준에 있는 랑구르원숭이와 마카크원숭이에서 가장 높은 수준에 있는 침팬지와 보노보에 이르기까지 사회성 영장류들은 다양한 상황에서 무리 구성원의 기분을 알아차리고 그에 맞추어서 반응할 수 있을 만큼 큰 뇌를 지닌다. 그런 잘 조직된 사회의 구성원은 자신이 사회에서 어떤 위치에 있는지를 알고, 다른 구성원과 상호 작용을 할 때 그에 걸맞게 행동한다. 안정한 사회의 가장 성공한 구성원은 공감 능력이 강하다. 남들이 보는 것을 보고, 남들이 느끼는 것을 느끼고, 어떤 반응이 적절한지 정확히 판단할 수 있다. 나설 때와 물러날 때가 언제인지, 누구의 털을 고르고 누구를 피해야 할지, 누구에게 도전하고 누구를 회유할지 등을 알아차린다.

공감(empathy)은 남의 감정을 읽고 그 행동을 예측할 지적 능력을 가리키며, 남의 곤경에 대한 걱정과 도움과 위로를 주고자 하는 마음이 결합된 감정인 동정(sympathy)과는 다르다. 하지만 동정과 밀접한 관계가 있으며 인류 진화 과정에서 동정으로 이어졌다.

과학자들이 사회적 행동을 연구하는 가장 좋은 방법은 공감하고 동정하면서 그들의 삶으로 들어가고, 개체의 삶을 가능한 한 상세히 그리고 가까이에서 알아보는 것이다. 침팬지의 사회적 행동 연구 분야의 대가인 프란스 드 발(Frans de Waal, 1948년~)은 자신이 어떤 식으로 연구에 임하는지 이렇게 말한다.

내 직업은 동물들과 어떻게 동조를 이루느냐에 달려 있다. 누가 누구인지 알아보지도 못하고, 무슨 일이 일어나는지 감조차 못 잡으면서, 그들의 희로애락을 전혀 느끼지 못하면서 몇 시간 동안 계속 지켜본다면 지독히도 지루할 것이다. 공감은 내게 가장 기본적인 요소이며, 나는 동물들의 삶을 가까이에서 추적하면서 그들이 왜 그런 식으로 행동하는지 이해하려고 애쓰면서 많은 발견을 해 왔다. 그러려면 그들의 피부밑으로 들어가야 한다. 나는 전혀 어려움 없이 그렇게, 즉 동물들을 사랑하고 존중할 수 있으며, 그럼으로써 그들의 행동을 더 잘 이해할 수 있다고 믿는다.

우리 수준이나 우리에게 버금가는 수준의 사회성 동물

들은 뇌 회로가 그런 식으로 배선되어 있다. 신경 생물학자들은 인간과 다른 고등 영장류가 사회적 상호 작용을 할 때 활성화되는 신경 회로가 세 가지 존재한다는 것을 알아냈다. 첫 번째는 정신화(mentalizing)로서, 목표를 세우고 그 목표를 달성하기 위해 적절한 행동을 계획하는 회로다. 두 번째는 공감화로서, 남의 동기와 감정을 이해하고 앞으로의 행동을 예측하기 위해서 자신을 남의 입장에 놓는 것이다. 공감은 일종의 내기라 할 수 있다. 공감을 통해서 개체는 무리와 의사 소통을 하며, 그럼으로써 무리는 스스로 조직된다.

마지막으로 거울화(mirroring)가 있다. 개체가 남의 기분과 감정을 느끼고, 어느 정도까지는 체험하는 것이다. 거울화는 남의 성공 전략을 모방하는 쪽으로 쉽게 이어진다. 또 그것은 동정 그리고 적어도 인간에게서는 자비심이라는 소중한 품성으로 향하는 길의 일부이기도 하며, 적어도 인간에게서 공감과 거울화의 수준은 무리의 구성원들끼리 상호 작용을 하는 평균 시간에 대응해 진화한 것이 분명하다. 시간 측정값들은 그런 상호 관계가 존재함을 보여 준다. 자유롭게 돌아다니는 노랑개코원숭이(savanna baboon, *Papio cynocephalus*)는 깨어 있는 시간의 60퍼센트를 먹이를 찾고 먹는 데 쓰며, 사회 활동에 쓰는 시간은 10퍼센트도 안 된다.

그리벳원숭이(vervet monkey, *Cercopithecus aethiops*)는 깨어 있는 시간의 40퍼센트를 먹이를 찾고 먹는 데 쓰는데, 사회 활동에 쓰는 시간은 개코원숭이보다 더 적다.

인간은 이들뿐 아니라 다른 구세계 영장류들보다 사회 활동에 훨씬 더 많은 시간을 쓴다. 직업에 따라서 시간표가 아주 크게 다르다고 해도, 사람들은 홀로 지내는 사이사이에 늘 만나서 무리를 이루고 사회적 교환을 하는 경향이 있다. 선진국의 사회 생활은 대중 오락과 소셜 미디어를 통해 거의 무한한 수준까지 확장되어 왔다.

인간의 군거성(群居性, gregariousness)이 높은 수준의 사회적 지능을 낳은 다윈주의적 원동력이었을까? 특히 공감, 거울화, 문제 해결 능력을 낳은? 그렇다. 하지만 군거성은 인간 조건을 빚어낸 진화 과정의 일부였을 뿐이다. 더 온전한 이야기를 들으려면, 우리의 조상인 선행 인류에게서 이 독특한 사회적 행동이 어떻게 기원해 현재에 이르렀는지를 돌아볼 필요가 있다. 전문가들이 재구성한 이야기다. 계기가 된 사건은 뇌 크기가 대폭 증가한 것이었다. 주로 이마엽이 크게 늘어났다. 300만 년 전부터, 우리 선행 인류 조상들의 뇌 용량은 침팬지와 비슷한 수준인 약 400시시(cc, 세제곱센티미터)에서 호모 하빌리스(*Homo habilis*)의 600시시로, 이어서 100만 년 전에는 우리의 직계 조상인 호모 에렉투스

(*Homo erectus*)의 900시시로, 마지막으로 호모 사피엔스(*Homo sapiens*)에게서 현대 수준(약 1,300시시)로 늘어났다.

일상 생활에서도 그렇듯이, 자연 선택을 통한 진화 과정에서도 때로 사소한 사건이 큰, 심지어 엄청난 결과를 낳는다. 선행 인류의 진화 과정에서 식성이 채식 위주—열매, 씨, 부드러운 잎—에서 육식의 비중이 꽤 높은 쪽으로 옮겨 간 것은 그런 사소한 사건처럼 보인다. 그런 변화는 당시의 서식지 조건에 힘입어서 비교적 쉽게 이루어졌다.

아프리카 사바나는 초원이 드넓게 펼쳐져 있고, 그 사이를 흐르는 강을 따라 숲이 들어서 있고, 군데군데 열대 나무들이 작은 숲을 이루고 있는 곳이다. 탁 트인 평원에서 동물을 알아보고 쉽게 추적하는(그 방법을 아는) 이들은 고기를 얻기가 더 쉬웠다. 게다가 번갯불이 내리꽂혀서 자주 불이 났기에 고기를 얻기가 더 쉬워졌다. 달아나던 동물들이 불길에 갇혀서 죽곤 했기 때문이다. 그중에는 불에 구워져서 씹기가 더 쉬워진, 단백질과 지방이 풍부한 고열량 음식이 된 것들도 있었다.

그런 변화가 일어나면서, 입에서 항문까지 위장관 계통 전체에도 변화가 일어났다. 또 그런 변화는 우리의 오스트랄로피테쿠스 조상들을 더 사회성을 띠도록 내몰았다. 채식성 유인원과 원숭이는 홀로 먹이를 찾아서 먹는 경향이 있는 반면, 우리 조상들은 어쩔 수 없이 더 긴밀하게 협력하면서 먹이를 찾아야 했다. 그러다가 죽은 동물을 발견하거나 동물을 잡아 쓰러뜨림으로써 커다란 먹이를 확보하면, 치명상을 줄 수 있는 싸움을 피하는 방식으로 먹이를 분배해야 했다. 식물을 채집하는 것에 비해 커다란 동물을 사냥하고 찾아내려면 만나서 무리를 짓거나 함께 생활해야 했다.

마지막으로, 이 적응적 이동(adaptive shift, 진화 생물학자들의 표현을 빌린 것이다.)에 이어서, 불의 제어를 통해 육식의 이용이 더 강화되었다. 우리는 근처에 들불이 나면 그곳에서 불붙은 나무줄기나 가지를 집어서 야영지로 쉽게 가져올 수 있다. 나는 어린 시절 보이스카우트를 할 때 앨라배마의 소나무 사바나에서 불이 꺼져 가는 불가에서 직접 해 본 적이 있다. 또 야영할 때 모닥불을 제대로 관리하지 못하면 숲불로 번질 수 있고, 그 반대도 마찬가지라는 것도 알았다. 즉 숲불을 야영지로 가져올 수 있다는 것을 말이다. 그러니 선행 인류는 굳이 불이 잘 붙는 것들을 모아놓고 부싯돌을 치거나 나무 막대를 빙빙 돌려 불을 피울 필요가 없었다.

전문가들은 현생 인류의 호모 하빌리스 조상들이 이 육식 시나리오를 따랐으며, 그럼으로써 뇌 크기와 사회적 지능에 급격한 진화가 일어났다는 데 대체로 동의한다. 그 이론이 아직 확실하게 증명된 것은 아니지만, 호모 하빌리스의 후손이자 우리 종의 직계 조상인 호모 에렉투스의 야영지와 불을 다스린 흔적 같은 화석 증거들은 그렇다고 말한다.

이제 유전적 역사를 더 멀리까지 거슬러 올라가 보자. 약 600만 년 전, 아프리카 사바나에 살던 한 유인원 종이 두 종으로 갈라졌다. 한쪽은 침팬지 계통으로 이어졌고, 시간이 흐르면서 다시 두 현생 종으로 갈라졌다. '일반' 침팬지와 좀 더 인간에 가까운 사촌인 보노보가 그들이다. 또 한쪽은 오스트랄로피테쿠스라는 진화적 미로를 거쳐서 호모 속(Homo, 사람속)의 여러 종으로 이어졌다. 그리고 이윽고 종말론적인 운명을 맞이할 것 같은 단 하나의 종인 호모 사피엔스라는 현생 인류로 이어졌다.

침팬지가 유전적으로 인류와 가깝기 때문에 — 공통 조상에게서 유래한 유전자가 98퍼센트를 넘는다. — 과학자들은 인간의 마음과 사회적 지능의 기원을 밝혀 줄 무언가를 찾아서 이 유인원을 집중적으로 연구해 왔다.

과학자들은 각 침팬지가 무리의 구성원 하나하나를 자세히 알고 있음을 발견했다. 침팬지들은 무리에서의 자기 지위와 관계에 따라 행동한다. 그들은 지능 지수가 놀라울 만치 높다. 예를 들어, '64136…' 같은 수열을 사람보다 더 빨리 배우고 기억할 수 있다. 야생에서 침팬지들은 깨어 있는 시간의 절반 이상을 나무 위에서 보내므로, 이 능력은 아마 크고 작은 나무줄기와 가지를 빨리 파악하고 떠올리며, 자신의 몸무게를 지탱할 수 있는 나무들을 타고 돌아다니기에 가장 좋은 경로를 찾아내기 위한 적응 형질일 것이다. 그 산수 능력은 커다란 포식자들이 우글거리는 환경에서 땅에 난 길을 따라가는 데도 유용했을 것이 틀림없다. 사자, 악어, 무엇보다도 나무를 기어오르는 표범 — 저마다 나름의 기술을 갖춘 매복 전문가들이다. — 이 거의 어디에나 숨어서 기다리고 있었으니 말이다.

그러나 적어도 한 가지 측면에서는 고도로 지적이긴 해도, 침팬지는 다른 모든 측면에서는 인간보다 한참 뒤떨어진다. 침팬지는 지금 이 순간을 산다. 내일의 행동조차도 계획할 수 없다. 반면에 인간은 수천 년 뒤, 수백만 킬로미터 떨어진 곳에서 일어날 일의 시나리오도 짤 수 있다. 물감과 붓을 주면 침팬지는 그림을 그릴 수 있지만, 사람은 일단 유아기를 지나고 나면 나이에 상관없이 침팬지보다 훨씬 더 잘 그린다. 이를테면, 침팬지는 스스로 얼굴의 윤곽을 그릴 수 있어도 그 안에 이목구비를 그려 넣지 못하는 반면, 사람의 아이는 쉽게 해낸다.

또 침팬지는 협력하거나 이타적으로 행동하는 능력이 떨어진다. 듀크 대학교의 신경 과학자인 브라이언 헤어

(Brian Hare, 1976년~)와 징지 탄(Jingzhi Tan)은 침팬지와 보노보의 협력 행동에 관한 증거들을 요약 정리한 바 있다. 그들은 유인원이 상호 이익이 되는 행동을 함으로써 무리 구성원들과 쉽게 협력을 하긴 하지만, 몇몇 비교적 단순한 과제를 다룰 때만 그렇게 할 수 있다고 말한다.

우리는 인간을 독특하게 만드는 것이 이타적으로 행동하는 경향은 아니라고 추정한다. 그보다는 호혜적인 노력의 혜택을 인지하면서도 위험이 큰(이를테면, 번식 성공에 해로운) 도움을 회피하는 융통성 있는 능력 때문에, 우리 종이 유달리 협력적일 가능성이 더 높아 보인다.

이 점점 복잡해지고 있는 주제를 가능한 한 간결하게 표현하자면, 우리 종의 조상들은 남들의 마음과 연결하고, 무한한 시간과 거리와 가능한 결과를 상상할 수 있는 지적 능력을 계발했다. 더 단순화하자면, 우리를 위대하게 만든 것은 바로 이 무한한 상상력이다.

심리학자들과 신경 생물학자들은 인간 성취의 무엇과 어떻게를 이만큼까지 밝혀냈다. 우리는 더 노력해 스스로의 기원에 대한 궁극적 설명을 가능하다면 완결해야 한다. 그런 일은 왜 일어났을까? 인간은 애초에 왜 존재하는 것일까? 우리는 육식이 일부 섞인 식단이 선행 인류 집단들을 어떻게 야영지로 불러 모으고, 공감, 모방, 협력의 능력을 증진시켰는지를 안다. 아니, 안다고 믿는다. 하지만 이런 변화들이 왜 뇌 크기의 3배 증가로 이어진 것일까? 이것은 생명의 역사에서도 복잡한 기관이 가장 빨리 성장한 드문 사례에 속한다.

적어도 몇몇 인류학자들은 그 답이 사실상 다 나와 있다고 믿는다. 그 답은 우리 곁에 아직도 존재하고 있는 전 세계 수렵 채집인 사회들이 이미 제공한 것이기도 하다. 야영지의 형성과 불의 제어는 잠들기 전 기나긴 저녁 시간 동안 사람 무리를 긴밀하게 묶어 놓는다. 그 시간에는 사냥도 채집도 하지 않으며 주변의 어둠 속을 돌아다닐 이유도 딱히 없다. 그들은 달리 할 일도 없는 곳에 옹기종기 모여서 대화를 나눈다. 하루를 어떻게 보냈는지 서로 이야기하고 지위를 높이고 동맹을 굳히며 묵은 원한을 해소하는 시간이다. 불은 생명을 주는 것이다. 사람들에게 온기와 먹을거리를 준다. 빛의 성역을 조성한다. 야행성 포식자들은 그 주변을 맴돌 뿐 감히 들어오지 못한다. 모닥불 불빛은 신들을 밝게 비추었으며 인류를 신들에게 가까이 데려간 프로메테우스다.

현재 우리가 스스로를 이해하고 있는 바에 따르면, 인

류의 조상들이 불빛 곁에서 무엇을 말했고 무엇을 했는지를 추정하는 것이 대단히 중요하다. 인류학자 폴린 위스너(Pauline Wiessner, 1947년~)는 최근에 지구의 수렵 채집인 부족 중 가장 유명한 칼라하리 사막의 주/호안시(Ju/'hoansi, !쿵 족 부시먼이 스스로를 가리키는 명칭이다.) 사람들이 모닥불 불가에 모여서 나눈 이야기들을 꼼꼼히 기록했다. 위스너는 "낮 시간 대화"와 "불빛 대화"가 전에 상상했던 것보다 훨씬 더 큰 차이를 보인다는 것을 발견했다. 낮 시간 대화는 식량과 물을 찾아서 돌아다니는 일의 현실적인 측면들에 초점이 맞추어져 있다. 함께 일하는 사람들은 자신들이 찾는 식량에 관해 이야기한다. 또 사회 관계망을 안정시키는 데 도움을 주는 방식으로 이런저런 잡담을 나눈다. 대화의 주제는 지극히 개인적이다. 주/호안시 사람들이 살아가는 환경이 혹독하기에, 그들의 대화에는 생사의 갈림길에서 내린 선택에 관한 이야기가 가득하다. 또 대화는 실용적이다. 제멋대로 뻗어 나가는 일이 없다. 즉 한가한 시간에 하듯이 상상과 환상이 하염없이 펼쳐지는 일은 없다.

저녁이면 분위기가 느슨해진다. 불빛에 일렁이는 그림자 속에서 대화는 이야기하기로 바뀌고 노래하고 춤추며 종교 의식을 벌이는 방향으로 쉽게 흘러간다. 이야기, 특히 남자들 사이의 이야기는 낮의 주된 활동인 사냥의 성공담과 전설적인 모험담 쪽으로 흘러가곤 한다. 엘리자베스 마셜 토머스(Elizabeth Marshall Thomas, 1931년~)가 2006년에 펴낸 『옛 방식: 최초 부족 이야기(*The Old Way: A Story of the First People*)』에서 말했듯이, 그런 이야기는 실제 있었던 사냥을 으레 전설처럼 묘사한다. (아니, 예전에는 그랬다.) 남자들은 특정한 목소리로 영창 비슷한 것을 되풀이해 가며 암송하고, 모두가 그 이야기를 듣는다. 그런 뒤에 사냥꾼이 직접 독화살로 어떻게 영양을 잡았다는 등의 이야기를 한다. 번역본으로 읽은 것이긴 해도, 나는 그 이야기를 특히 좋아한다. 10만 년 전에 이루어진 일일 수도 있기 때문이다. 고생물학자들이 뼈대로부터 멸종한 동물과 그 종을 재구성하듯이, 그런 가장 덜 진화한 원자료들로부터 고대의 사회 생활을 재구성하는 것이 가능할 듯하다.

엇! 뭐? 저게 귀라고? 맞네, 귀! 그의 귀가 하늘을 향해 있어. 그는 덤불에, 바로 저기, 덤불 가장자리에 있어. 가만히 지켜보고 있으려니, 맞아, 귀가 움직여. 그가 아주 조금씩 몸을 돌리고 있어. 안녕! 그가 고개를 들어. 걱정스럽다는 듯이 코를 킁킁거려. 아나 봐! 그가 나를 쳐다봐. 나는 아주 낮게 몸을 낮추고 있어. 납작 엎드린 채, 꼼짝도 하지 않지. 그는 나를 못 봐! 그는 자신이 안전하다고 생각해. 그래서 몸을 돌리지.

이제 나는 그의 뒤편에 있어. 나는 살금살금 다가가. 이크! 살금살금. 바로 뒤까지 다가갔어. 이크! 그가 바로 저 앞에 있어. 조용, 조용. 아주 조용하게, 천천히, 나는 활을 꺼내. 활을 매겨. 엇! 나는 화살을 쏴. 와! 맞췄어! 그가 펄쩍 뛰어. 하하! 펄쩍 뛰어! 달려나가. 사라졌어! 나는 쐈어. 바로 여기, 바로 여기에서 화살이 나갔지. 그는 펄쩍 뛰어올랐고, 저쪽으로 달아났어. 저쪽으로. 하지만 나는 그를 잡았지.

이야기하기, 특히 사냥 성공담과 전설적인 모험담을 비롯한 이야기는 낮 시간의 6퍼센트를 차지했지만, 저녁 시간의 경우 81퍼센트를 차지했다. 그 이야기들은 전체적으로 집단에 존재 의미를 부여하는 효과를 일으켰다. 사람들을 규칙을 토대로 한 단일한 문화 공동체로 통일시켰다. 노인인 디/샤오(Di/xao)는 주/호안시 사람들의 옛 시대를 이렇게 설명했다. "오래전 우리 부족도 다스릴 힘을 지니고 있었는데, 우리가 갈 새 땅에서 불을 피우는 데 쓸, 이전에 살던 곳에서 피운 불에서 가져온 깜부기불이 그거야."

3
언어

주/호안시 사람들은 지극히 인간답다. 그들은 머릿속에 역사를 담고 있다. 그들은 자신이 누구인지를 안다. 그들의 커다란 앞뇌는 그 어떤 도시 거주민의 머리와 똑같이 가느다란 수직의 목 위에 불안하게 균형을 잡고 있다. 그들의 종―인류―은 진핵세포 이래로 가장 큰 진화적 발전인 언어라는 독특한 재능을 지니고 있다.

극소수의 동물 종이 초보적인 문화를 지니고 있다. 일본의 한 지역에 사는 마카크원숭이 무리는 어느 혁신적인 암컷이 물에 고구마를 깨끗이 씻어 먹는 모습을 보고서 그 행동을 따라 배웠다. 마찬가지로 인상적인 사례가 하나 더 있다. 잎을 다 뜯어낸 덤불 줄기를 흰개미 둥지에 집어넣어서 흰개미 병사들을 낚는 침팬지 무리가 적어도 하나는 있다는 것이다. 흰개미 병사들은 자살 공격하는 것처럼 둥지에 침입하는 것은 무엇이든 간에 꽉 물고 놓지 않는다. 또 다른 침팬지 무리는 헤엄치고 잠수하는 등의 방법을 서로에게 배워서 물을 건넌다. 이것들은 아주 희귀하지만 동물도 진정한 문화를 만들 수 있음을 보여 주는 좋은 사례들이다. 문화란, 어느 개체나 집단이 창안한 행동이 사회적 학습을 통해서 전달되는 것을 말한다. 하지만 언어를 지닌 동물 종은 전혀 없다. 적어도 알려진 100만여 종 중에서는 없다. 그런데 언어란 무엇일까? 정확히 무엇을 말하는 것일까? 언어학은 언어를 의사 소통의 최고 형태이자, 기호로 번역될 수 있는 단어들의 무한한 조합이자, (이 점이 중요한데) 의미를 전달하기 위해 임의로 선택된 것이라고 정의한다. 언어는 상상할 수 있는 모든 실체, 과정, 또는 실체와 과정을 정의하는 하나 이상의 속성을 가리키는 데 쓰인다.

각 사회는 하나 이상의 언어를 지닌다. 현재 전 세계에는 약 6,500개의 언어가 있으며, 그중 2,000개는 이용자가 줄어들어서 소멸 위험에 처해 있다. 10여 명의 생존자만이 쓰고 있는 언어도 몇 개 있다.

언어는 인간 존재에 필수적이지만, 우리의 등뼈, 심장, 허파와는 전혀 다른 방식으로 그렇다. 언어는 가장 단순한 사회에서 가장 복잡한 사회에 이르기까지, 모든 사회의 토대다. 언어가 탐구와 지식을 가능하게 해 주었기에, 우리 마음은 번개 같은 속도로 시간과 공간을 가로지를 수 있으며, 과학적 정밀도가 향상됨에 따라서 지구의 어느 곳이든, 더 나아가 지구 바깥까지 갈 수 있게 되었다. 해방과 능력 부여라는 측면에서, 그 어떤 기준으로 보더라도, 언어는 단순히 인간의 창조물이 아니다. 인간 자체다.

주/호안시 사람과 맨해튼 섬 주민의 언어는 똑같이 지적인 사고의 재료다. 과거와 상상할 수 있는 미래의 일화들을 이야기한다. 어느 일화를 선택할지는 스스로 판단해야 하고 우리는 그것을 자유 의지라고 한다. 마음은 경험들을 추리고 모아서 이야기를 짠다. 마음은 결코 쉬지 않는다. 지속적으로 진화한다. 기존 이야기는 시간이 흐르면서 흐릿해지고 새로운 이야기가 덧씌워진다. 모든 사람은 창의성이 최고 수준에 도달한 상태에서 말하고 노래하고 이야기한다.

언어가 보편적이라면, 그것이 문화적인 것일까, 본능적인 것일까? 서로 독립된 많은 아동 발달 연구 결과들은 언어가 양쪽 다임을 보여 주었다. 즉 언어는 그 능력이 시작될 때의 형태 측면에서는 세계 공통이다. 반면에, 습득하는 어휘 측면에서 보면, 언어는 거의 전적으로 학습되는 것이다. 그래서 문화에 따라서 어휘가 크게 다를 수도 있다. 그러나 문화적으로 발전된 사회들 사이에서도, 선율과 리듬에 감정을 담는 방식은 동일하게 유지되고 있다.

반면에 문법 규칙은 주로 학습된다. 20세기 중반에 놈 촘스키(Noam Chomsky, 1928년~)가 내놓아서 유명해진 보편 문법 이론은 너무나 복잡하고 난해해 이해당하는 모욕을 받지 않았지만, 최근 들어서 언어 심리학 연구자들을 통해서 증거가 부족하다는 것이 드러나면서 대체로 폐기된 상태다.

언어 습득은 여느 본능과 마찬가지로, 일련의 예측 가능한 단계들을 통해 펼쳐진다. 언어의 개체 발생 과정에서 중요한 초기 형성 단계는 아기의 옹알이다. 태어난 지 12시간밖에 안 된 아기도 사람이 하는 말에는 반응하지만 같은 세기의 다른 소리들에는 반응하지 않는다. 그 후 아기가 내는 소리들은 배운 것이 아니라, 자율적으로 생성된 것이다. 눈과 귀가 먼 아기들도 외부의 시청각 자극이 없는 상태에서도 옹알이를 한다. 엄마와 아빠 같은 아기가 처음으로 말하는 단어들은 주변 어른들에게 타고난 유인제 역할을 하며, 그들은 관심과 애정으로 화답한다.

어른의 말에서 각 단어는 쓰는 언어에 따라 다를 것이고, 따라서 문화적으로 기원했을 수 있다. 하지만 어조와 감정은 유전적 진화가 일어나는 동안 뇌에 깊이 새겨진 것으로 여전히 보편적인 양상을 띠고 있다. 사람들은 낯선 언어로 된 문장을 듣고서 화자의 기분을 이해할 수 있다. 이 결론은 일상적인 경험뿐 아니라 실험 증거를 통해서도 뒷받침된다. 심리학자들이 연극 배우를 활용해 이 효과를 살펴본 탁월한 사례가 있다. 인간 본능 연구의 선구자인 이레노이스 아이블아이베스펠트(Irenäus Eibl-Eibesfeldt, 1928~2018년)가 한 이 실험은 길게 인용할 만하다.

K. 세들라체크(K. Sedlaček)와 Y. 시크로(Y. Sychro)는 작곡가 레오시 야나체크(Leos Janaček, 1854~1928년)의 「사라진 자의 일기(Diary of One Who Vanished)」에 나오는 "침대는 이미 마련되어 있어(Tožužmám ustlané)."라는 대목을 배우 23명에게 각자 해석하도록 했다. 이 문장은 집시 제프카가 마을 소년 야니체크를 유혹하는 말인데, 그 구애에는 슬픔과 체념이 뒤따른다. 몇몇 배우들에게는 특정한 감정이나 감정의 부재(기쁨, 슬픔, 중립, 사실 제시)를 표현해 달라고 했고, 또 다른 배우들에게는 먼저 스스로 선택을 하도록 맡긴 뒤에 그 구절을 낭독할 때 어떤 감정을 전달하고자 했는지 물었다. 그렇게 그들이 낭독하는 구절을 녹음해 출신과 교육 수준이 각기 다른 실험 참가자 70명에게 들려주었다.

듣고 난 뒤의 반응은 다음의 범주로 나누었다. (1) 단순 진술, (2) 연모, (3) 기쁨, (4) 엄숙, (5) 익살, (6) 비꼼과 분노, (7) 슬픔, 체념, (8) 두려움, 흠칫 놀람. 모든 반응 중 60퍼센트가 동일한 범주에 들고, 나머지가 다른 범주들에 다소 분산된다면, 그 낭독은 감정적 색채가 뚜렷하다고 보았다. 그러자 주관적 평가가 높은 수준으로 일치하는 결과들이 나왔다. 체코 인 70명뿐 아니라, 체코 어를 모르는 아시아, 아프리카, 라틴아메리카의 학생들도 낭독의 선율로부터 유효한 정보를 얻어서 정확히 감정을 파악했다. 이 주관적 판단을 객관적인 자료와 비교하기 위해서 어조, 주파수, 진폭, 사운드 스펙트로그래프(sound spectrograph)도 기록했다.

나도 살면서 언어 본능의 힘을 겪은 일이 있다. 아주 어렸을 때 나는 일종의 언어 박탈 경험을 겪은 적이 있는데, 그 극복 과정은 하나의 이야기 ― 달리 무엇이겠는가? ― 라고 할 만하다. 나는 이윽고 그 경험을 통해서 본성, 인간다움, 내가 실제로 누구인가에 관한 아주 많은 깨달음을 얻었다.

나는 세계가 대공황의 수렁에서 빠져나오기 직전인 1937년에 이혼한 부모의 독자였다. 이혼이 아직 수치스러운 일로 여겨지던 시절이었고, 경제적 어려움 때문에 우리 가족은 거의 빈곤 직전까지 내몰렸다. 나는 아버지를 따라서 거의 해마다 이사를 하면서 수도 워싱턴 D. C와 남부 주들 곳곳에 흩어진 14개 학교를 옮겨 다녔다. 미시시피 주 바일록시, 조지아 주 애틀랜타, 플로리다 주 올랜도와 펜서콜라, 앨라배마 주 브루턴, 디케이터, 에버그린, 모바일 등이었다.

나는 이 떠돌이 생활의 외로움을 달래고자 걷거나 자전거를 타고 다닐 수 있는 가까운 야생 또는 반야생 환경을 찾곤 했고, 이윽고 곤충과 파충류를 찾아다니기 시작했다. 우리가 워싱턴 D. C의 록 크릭 공원에서 몇 블록 떨어진 집에 살던 10세 때, 나는 포충망과 휴대용 도감을 갖추고서 곤충을 찾아다니기로 마음먹었다. 그런 의욕을 부추긴 내 영웅들이 있었다. 인근 국립 자연사 박물관의 위층에 신처럼 거주하고 있다고 하는 과학자들과《내셔널 지오그래픽(*National Geographic*)》의 필자들도 거기에 포함되었다. 윌리엄 몬타나 만(William Montana Mann, 1886~1960년)도 그런 필자 중 한 명이었는데, 그가 1934년에 쓴『은밀한 개미들: 야만과 문명(*Stalking Ants: Savage and Civilized*)』은 이윽고 내 삶의 방향을 바꾸었다. 그 뒤로 아버지 그리고 새어머니와 함께 나는 이민자처럼 남부 곳곳으로 이사를 다녔다. 또래 몇 명을 사귀기는 했지만, 대개는 그냥 홀로 야생 환경을 탐사하는 쪽을 선호했다. 고등학교를 졸업할 무렵에 우리는 앨라배마

주 디케이터에 살고 있었다. 나는 어떻게든 대학에 가서 나중에 곤충학자가 될 생각을 했다. 평생을 죽 야외에서 돌아다니고 싶은 마음에서였다. 미지의 야생 환경을 점점 더 멀리까지, 이윽고 내가 "큰 열대(Big Tropics)"라고 부르는 아마존과 콩고의 숲까지 탐사하면서 말이다.

하지만 당시 내가 그런 직업을 가질 가능성은 스스로 깨달은 것보다 훨씬 적었다. 내 생활 기록부는 불완전했고 성적은 중간 수준이었고 결석도 종종 있었으며 낙제 점수도 받곤 했으니까. 다행히 앨라배마 대학교가 나를 구원했다. (그래서 나는 지금까지도 동창회에 열심히 나간다.) 당시 주 법률은 그 대학교의 입학 조건을 단 두 가지만으로 정하고 있었다. 고등학교 졸업장과 앨라배마 주 거주였다. 입학한 뒤로 나는 순탄하게 녹스빌에 있는 테네시 대학교의 박사 과정까지 마쳤고, 1년 뒤에는 하버드 대학교에서 학위 과정을 마쳤다. 그 뒤로 죽 그곳에서 교수로 지냈다.

대학교 들어갈 무렵, 내 어릴 적 꿈은 훨씬 더 강해져 있었다. 홀로 탐사하는 것을 좋아하는 습성도 사라지지 않았다. 장학금을 받은 덕에, 내가 진정한 "큰 열대"라고 부르는 곳으로 갈 수단을 얻었다. 지구에서 가장 덜 교란된 동식물상이 가장 넓게 펼쳐진 곳들이었다. 당시와 박사 후 과정까지 20대 내내 나는 멕시코, 중앙아메리카, 브라질 아마

존 유역, 오스트레일리아 오지, 뉴기니, 뉴칼레도니아, 스리랑카 등 다양한 지역에서 야외 조사를 할 수 있었다.

나는 사람과 접촉하지 않은 채, 한 번에 겨우 몇 시간이라고 해도, 낯선 곳에서 홀로 돌아다니는 것이 신체적으로 위험할 뿐 아니라 착상과 발견 쪽으로도 비생산적임을 알아차렸다. 당시에는 이유를 이해하지 못했지만, 나는 대부분 사람이 말을 많이 하려는 어찌할 수 없는 욕구를 지닌다는 생각이 들었다. 그들은 매일 얼마 동안, 가능하다면 자주 계속 말을 한다. 그런데 적어도 야생에 있는 동안은 계속 혼자다. 그래서 나는 낯선 먼 땅에서 홀로 야외 조사를 하는 동안에는 또 다른 자아를 등장시켰다. 그는 이름도 없었고 어느 모로 보나 독립된 실체도 아니었다. (나는 미치지 않았다.) 내 또 다른 자아는 간단히 말하자면, 그저 별도의 틀로 옮긴 내 마음이었다. 그 자아는 매번 내게 주변을 인식하는 수준을 높이고, 행동의 우선 순위를 바꾸라고 강요하는 듯했다. 그 와중에 나는 말 그대로 스스로에게 말을 걸었다. 물론 속으로. 따라서 길을 따라가면서 펼쳐지는 내 산만한 경험은 이런 식이 된다.

잠깐! 멈춰! 저 착생 식물(나무줄기 위쪽에 달린 것)을 지나치지 마. 손이 닿지 않을지도 모르지만. 그 안이나 위에 아주 흥미로운 뭔가가 숨어 있을지도 몰라. 개미 군락이든 뭐든 간에. 살펴봐야 해. (욕설 삭제) 손이 안 닿네. 그럼 계속 가. (더 뒤에) 조심해! 발을 내디딜 때 조심! 왼쪽 바로 앞 식생이 우거진 곳 바로 뒤에 골짜기가 있을지도 몰라. 조심, 조오심, 잘 봐. 기다려! 봐! 잘 봐! 개미들이 줄지어 가고 있어. 진짜 새로운 종류야. 낙엽 아래 숨겨져 있네. 군대개미일 수도 있겠지만, 아닐 수도 있겠네. 침개미류인 것 같지 않아? 계속 가자고. 가, 조심, 조심, 저거 새로운 종류 같은데, 정말 새로운 종류야.

나와 거의 침묵하고 있는 동료 사냥꾼이자 수다 상대인 조언자는 서로 대화를 주고받고 현장 조사를 수행하면서 그 환경의 자연사 지식을 흡수했다. 나는 개미에게 초점을 맞추었다. 야외 조사에 맞는 현명한 선택이었다. 나는 개미들의 수, 생물량, 세계적인 분포 범위를 통해서, 개미들이 같은 크기 범주에 속한 곤충들 가운데 우뚝 솟아 있음을 알게 되었다. 2010년대인 지금 과학자들이 전 세계에서 파악한 개미는 1만 4000종에 달한다. 나는 분류학자, 즉 분류를 전문으로 하는 생물학자가 아니지만, 내가 들르는 곳마다 개미들이 아주 많았기에 야외에서 그리고 남들이 이미 채집해 박물관에 기증한 아직 연구가 안 된 표본들을 평생에 걸쳐 연구함으로써 450종의 새로운 개미를 발견해 학명을 붙일 수 있었다.

내가 전 세계의 숲과 사바나를 마음속 대화를 나누면서 돌아다닌 목적은 가능한 한 많은 종류의 개미를 찾아내고, 그중에서도 새롭고 희귀한 종을 찾아내, 그들의 사회생활을 가능한 한 많이 알아내는 것이었다. 개미 둥지를 트는 위치, 집단, 계급, 먹이, 의사 소통 체계 같은 것들 말이다. 각 종은 나름의 해부 구조와 사회적 행동을 지니며, 그런 것들이 근본적으로 다를 때도 있다. 각 종은 새로운 과학 지식의 원천이었다. 나는 그들에 관해 배웠고, 그들 중 일부와는 거의 함께 살다시피 했으며, 그들이 본래의 야생 환경에서 이룬 정확한 적응 형질들을 발견했다. 나는 그들의 이야기꾼, 그들의 대다수가 처음 얻은 최초의 이야기꾼이었다.

과학자들과 자연사 학자들은 개미 종 하나하나가 다른 모든 종과 다른 나름의 이야기를 간직하고 있다고 말할 것이다. 그 종의 척후병들과 전투병들은 약탈에 나서고, 보모들과 건축가들은 집에서 둥지를 보강하고 침입자를 물리쳤다. 그리고 그 이야기가 매일같이 거의 똑같이 펼쳐진다면, 군락의 주기를 통해서 완성되기까지 1세기가 걸릴 수도 있는 새로운 장들이 펼쳐진다. 그 이야기는 문화 진화의 이야기가 아니라, 수백만 년에 걸친 유전적 사회성 진화의 이야기다. 이 종 저 종에서 알아낸 개미의 사회적 행동이라는 큰 그림들을 겹쳐놓는다면, 그들이 지배하는 현대 생명 세계의 역사 중 일부를 재구성하는 것이 가능해진다.

그렇게 평생의 연구와 말하기, 말하기, 말하기를 통해서 마침내 모든 사람이 속한 부족을 인식하기에 이르렀다. 바로 주/호안시 사람들 말이다.

4
혁신

창작 문학이란 정확히 무엇이며 언어를 예술로 만드는 것은 무엇일까? 그리고 예술인지 아닌지를 어떻게 판단할까? 답은 이것이다. 문체와 비유의 혁신을 통해서, 미학적 놀라움을 일으킴으로써, 오래 가는 즐거움을 줌으로써다. 사례를 들어서 설명해 보자.

블라디미르 나보코프(Vladimir Nabokov, 1899~1977년)가 쓴 작품의 다음과 같은 첫 대목을 읽을 때, 독자는 자신이 걸작을 마주하고 있음을 알아차린다.

롤리타, 내 삶의 빛, 내 몸의 불이여. 나의 죄, 나의 영혼이여. 롤-리-타. 혀끝이 입천장을 따라 세 걸음 걷다가 세 걸음째에 앞니를 가볍게 건드린다. 롤. 리. 타.

문학 양식이 이루 말할 수 없이 중요하다는 것을 설명하기 위해, 2011년 전미 도서상을 받았으며 혁신적인 문체로 널리 찬사를 받은 조너선 프랜즌(Jonathan Franzen, 1959년~)의 『인생 수정(*The Corrections*)』의 첫 대목과 비교하는 것이 유용하다고 믿는다.

광기 어린 한랭 전선이 가을의 대초원으로 성큼성큼 다가들고 있었다. 끔찍한 일이 일어나리라는 예감이 어른거렸다. 하늘에 나지막이 뜬 해는 쇠약한 빛을 뿜으며 차갑게 식어 갔다. 무질서하게 이어지는 돌풍과 돌풍. 나무가 들썩이고, 기온이 추락하고, 북부 지역 전체가 오롯이 종말을 맞았다. 이곳 마당에 아이들이라곤 없었다. 누런 잔디 위로 그림자만 길어질 뿐, 담보로 잡혀 있지 않은 집들 위로 붉은참나무와 핀참나무와 늪지백참나무 도토리가 비처럼 쏟아졌다.

나는 소설 평론가 자격증 같은 것은 하나도 없지만, 이 대목이 아주 유망한 하버드 2학년생이 자기가 배운 것을 총동원해 한껏 허세를 부린 것처럼 느껴진다. 이 두꺼운 책이 문학으로 아예 인정을 받지 못할 수도 있다는 느낌도 든다. 그렇게 보는 이들도 있다. 하지만 나는 그렇지 않다. 프랜즌의 소설들은 진짜인 양 꼼꼼하게 정확한 묘사를 한다는 점이 특징이다. 주인공들은 상표명, 불분명한 기술 용어, 철학 인용구 등 저자가 자신의 머릿속에 떠오르는 모든 것을 집어넣은 문학적 수프의 정글을 헤치고 나아간다. 그것들은 평론가 제임스 우드(James Wood, 1965년~)가 "히스테리성 사실주의(hysterical realism)"라고 부른 것에 속한다. 그 파편화한 의식의 흐름 속에는 인간 본성의 깊이와 뿌리에 대한 자각이나 관심조차도 거의 존재하지 않는다.

하지만 여기서 『인생 수정』과 호평을 받은 프랜즌의 후속작, 『자유(Freedom)』와 『순수(Purity)』, 그리고 비슷한 포스트모던 작품들이 사실상 가치가 있다고 본 관점을 덧붙여 보자. 그 작품들은 미국 중서부의 병든 집안들의 역사와 구성원들의 성격을 매우 꼼꼼히 묘사함으로써 민족지적인 양상을 띤다. 물론 그 작품들은 잡담이다. (프랜즌은 수다스러운 친구 같다.) 그것이 바로 사람들이 1인칭 전기와 소설을 애독하는 이유다. 그런 글을 읽을 때 얻는 즐거움은 타고난 것이며 지극히 다윈주의적이다. 앞서 말한 구석기 시대 모닥불 가에서 이루어지던 대화에서 진화했다. 여기서 포스트모던 소설뿐 아니라 모든 소설이 가진 핵심 특성을 추출해 낼 수 있다. 바로 특정한 시간과 공간에 있는 문화의 정확한 스냅 사진을 제공한다는 것이다. 이것은 과학이 지닐 수 없는 특성이다. 그 작품들은 옷과 몸짓과 얼굴 표정 등으로 아주 그럴듯하게, 아니 진짜보다 더 진짜처럼 되살려낸 사람들뿐 아니라, 집, 애완 동물, 교통 수단, 오솔길과 도로 등처럼 그들을 만드는 중요한 주변 환경을 영구히 보존한 사진 같다. 조제프 니세포르 니엡스(Joseph Nicéphore Niépce, 1765~1833년)가, 정확한 날짜는 모르겠지만, 1826년이나 1827년에 찍은, 현재 남아 있는 가장 오래된 사진을 보고 감동을 받지 않을 사람이 누가 있겠는가. 부르고뉴의 한 지붕을 찍은 너무나도 평범한 사진 말이다. 또 그 직후에 나온 거리 장면들, 심지어 텅 빈 거리의 인도에 서 있는 보행자 사진도 그렇다. 그 사람은 무엇을 위해 그렇게 서 있었을까? 또 언제까지 서 있었을까? 그러다가 문득 그 사진이 얼마나 오래전에 찍혔는가 하는 생각이 떠오른다. 당시 에이브러햄 링컨(Abraham Lincoln, 1809~1865년)과 찰스 로버트 다윈(Charles Robert Darwin, 1809~1882년)은 아직 10대였고, 플로리다는 야생의 세계였고, 그 어떤 유럽 사람도 나일 강의 수원이 어디인지 알지 못했다.

뛰어난 소설과 오래된 사진은 역사의 화소다. 둘 다 사람들이 실제로 매일 매시간 살았던 삶의 이미지를 만들어내며, 문학은 그들이 느낀 감정까지도 만들어 낸다. 마지막으로 그것들은 그 뒤로 이어진 끝없어 보이는 결과 중 일부를 추적한다. 그것이 바로 우리가 마르셀 프루스트(Marcel Proust, 1871~1922년)를 높이 사는 이유이자, 20세기 후반기에 미국 소도시 프로테스탄트 중산층의 삶과 약점들에 천착한 존 업다이크(John Updike, 1932~2009년)를 그런 이들의 삶을 탁월하게 진단한 대가로 여기는 이유다.

창작 예술에서 이런 유형의 혁신은 두 번째 방식으로도 중요하다. 예술의 진화는 작동 방식 면에서 생물의 진화와 비슷하다. 최고의 예술가들과 배우들은 이미지, 소리, 이야기를 통해서 스스로를 표현할 독창적인 방식을 추구한다. 그들에게는 창의성과 양식이 곧 모든 것이다. 그리고 얼마나 혁신적인지는 모방이 얼마나 많이 이루어지는지로 평가할 수 있다. 1863년 파리 살롱전에 대한 낙선전의 도전은 시각 예술에서 일어난 혁신의 고전적인 사례다. 1907년 파블로 피카소(Pablo Picasso, 1881~1973년)의 「아비뇽의 처녀들(Les Demoiselles d'Avignon)」로 대변되는 사실주의에 맞선 입체파의 도전도 그런 사례다. 대중 문화에서는 1932년 월트 디즈니(Walt Disney, 1901~1966년)가 「꽃과 나무(Flowers and Trees)」를 통해서 천연색 활동 사진을 소개한 것과 1960년대 말 모타운(Motown)이 소울, 블루스, 팝을 섞은 음악을 내놓은 것이 그런 사례다. 이 과정은 영원히 지속될 것이다. 앞으로도 계속 일어날 것이다. 새로 생겨난 돌파구들은 혁신가들의 심장을 질주하고, 그들의 등뼈에 전율을 일으키면서, 더 새로운 돌파구 탐색을 장려할 것이다. 20세기 말에 모든 창작 예술 분야에서 신기술과 양식의 실험이 기하급수적으로 증가하고 있었다. 터무니없을 만치 대담한 추상 미술이 신비한 분위기를 풍기는 무조 음악(atonal music)을 배경으로 펼쳐졌다. 창작 예술의 대가들은 창의성 자체를 파고들었다.

입체파의 기원을 설명할 때, 피카소는 변신을 자신의 핵심 목표로 제시했다.

모든 중요한 화가는 대상을 가능한 최대로 유연하게 표현해야 한다. 사과를 표현하려면, 원을 하나 그린다. 그 원은 1차 유연성이 될 것이다. 그러나 화가는 더 높은 수준의 유연성을 바랄 수 있으며, 그럴 때 표현된 대상은 모델을 결코 부정하지 않는 정사각형이나 입체의 형태로 묘사될 것이다.

혁신의 욕구는 유전적 진화의 탁월한 비유라고 볼 수 있다. 문화적 진화는 필연적으로 끊임없이 변화하는 환경 조건에 우리 종을 적용시킨다. 혁신은 유전체의 돌연변이에 해당한다. 돌연변이라는 생물학적 사건은 인류 역사 내내, 다른 종들에게서와 동일한 방식으로 동일한 수준으로 일어나 왔다. 돌연변이는 매우 다양하다. 돌연변이는 개체 수준에서 드물게 나타나며, 대다수는 해롭거나(그리하여 색맹, 낭성 섬유증, 혈우병 같은 수백 가지의 불행한 가족성 유전 장애를 일으킨 다.) 건강이나 번식에 검출 가능한 효과를 전혀 일으키지 않는 중립적인 것이다. 결국에는 사라지거나 기껏해야 아주 낮은 빈도로 남는다. 후자는 이로운 우성 유전자와 같은 자리에서 침묵하는 열성 유전자로서 공존한다. 극소수의 돌연변이만이 개체에 혜택을 줌으로써, 그리고 집단 전체로 퍼짐으로써 성공을 거둔다. 그런 돌연변이는 엄청난 결과를 낳는다. 젖당 내성을 일으키는 돌연변이 유전자들의 집합이 한 예다. DNA 염기쌍에 일어난 작은 무작위 변화로 우유 소화가 가능해졌고, 그 뒤로 낙농업이 거의 전 세계로 퍼졌다. 낫 모양 적혈구 돌연변이 유전자도 그렇다. 이 돌연변이는 쌍으로 있으면 치명적인 빈혈증을 일으키지만, 하나만 있으면 마찬가지로 치명적인 말라리아로부터 보호해 준다.

우리 모두가 몸에 지니고 있지만 성공하지 못했거나 중립적인 돌연변이 유전자들을 유전학자들은 '돌연변이 부하 (mutation load)'라고 한다. 우연히도 그런 돌연변이를 선호하는 쪽으로 환경 변화와 후속 돌연변이가 더 일어나면서 오늘날 존재하는 인간이라는 생물이 출현했다. 우리는 혁신도 그런 식으로 이해할 수 있다. 그중 일부만이 새로운 창작 예술을 추동하는 데 성공을 거둔다.

5
미학적
놀라움

새김눈, 대본, 이미지 등 무엇으로 표현되든 간에 진지한 예술은 첫 만남에 우리를 사로잡는다. 그런 뒤 마음이 나머지 내용을 살피고 돌아다닐 수 있을 만큼 오래 당신을 붙잡고 한눈을 팔게 한다. 아마 의도한 의미 전체를 이해하고, 진정한 즐거움을 일부 되새겨 볼 수 있도록 말이다. 창작 작품의 전반적인 느낌(분위기(signature)라고 하자.)은 시작 부분에서 표출될 수도 있고 끝에서 나올 수도 있다. 때로 그 경험은 장기 기억에 저장되었다가 의식적으로 회상할 때 처음 떠오르는 것이 되기도 한다.

그 분위기는 미학적 놀라움을 일으킨다. 단순히 아름다워서 그럴 수도 있고, 더욱 깊은 본능에서 일어나는 압도적인 놀라움일 수도 있다. 시각 예술에서는 범선의 웅장하게 펼쳐진 돛들과 기울어 가라앉고 있는 타이타닉 호의 묵시록적 모습에서, 귀부인이 황금으로 녹아드는 듯한 구스타프 클림트(Gustav Klimt, 1862~1918년)의 초현실적인 「아델레 블로흐바우어 초상화(Portrait of Adele Bloch-Bauer)」에서, 완전한 솔직함이 파멸적인 결과를 가져온다고 외치는 야수 같은 모습으로 과장한 프랜시스 베이컨(Francis Bacon, 1909~1992년)의 자화상에서, 1948년 경마 대회에서 3관왕을 차지한 뛰어난 경주마 사이테이션(Citation)이 의기양양하게 질주하는 모습을 담은 클래런스 윌리엄 앤더슨(Clarence William Anderson, 1891~1971년)의 석판화에서, 또 대조적으로 「게르니카(Guernica)」에 등장하는 겁에 질려서 비명을 지르는 말의 모습에서 그런 놀라움을 접한다.

예술가들은 작품의 분위기를 구성하는 특징들을 활용해 장엄함에서 공포와 죽음에 이르기까지 미학적 스펙트럼을 따라 이리저리 옮겨 다니면서 관람자의 주의를 사로잡고 그의 마음을 뒤흔든다. 전통적인 풍경화에서 전형적인 사례를 꼽자면 앨프리드 톰프슨 브라이처(Alfred Thompson Bricher, 1837~1908년)가 칙칙한 암갈색 해안에 놀랍도록 하얗게 거품을 일으키면서 부서지는 파도를 배치한 것이 있다. 추상 미술의 경우 한스 호프만(Hans Hoffmann, 1880~1966년)이

「마그눔 오푸스(Magnum Opus)」에서 새빨간색으로 넓게, 거칠게 붓질을 하고 밝게 빛나는 노란색 직사각형을 배치한 후 한쪽 구석에 수수께끼 같은 검은 얼룩을 덧붙인 것도 그렇다. 이 작품을 볼 때 눈은 억지로 여행을 한다. 노란색에서 빨간색으로, 이어서 검은색으로 향한다. 어떤 목적으로 움직이는지는 무의식적 마음에 맡겨져 있다.

단순한 특징을 식별하고 그에 반응하는 본능은 인간만 지닌 것이 아니다. 행동 과학자들은 그것을 생명 세계에서 보편적인 것이라고 파악하고 '신호 자극(sign stimulus)' 또는 '해발인(releaser)'이라고 부른다. 교과서적 초기 사례를 보면, 큰가시고기 수컷은 번식기가 되면 배가 붉은색을 띤다. 이 붉은색은 경쟁자인 수컷들에게 자신의 영토임을 알리고 경고하는 역할을 한다. 공격성을 촉발하는 데는 배가 붉은 수컷이 온전히 다 필요하지 않다. 붉은 점을 찍은 물체를 움직이기만 해도 된다. 연구자들은 단순한 타원과 원을 포함해 다양한 모양의 가짜 물고기를 만들어서 붉은 점을 찍기만 해도 공격 행동을 불러일으킬 수 있었다. 붉은 점은 신호 자극이다.

후각도 마찬가지다. 나방 수컷은 같은 종의 암컷이 수컷을 기다리면서 공중으로 뿜어낸 아주 특수한 화학 물질에 이끌린다. 수백 종의 나방이 같은 날 밤에 혼동을 일으키지 않으면서 의사 소통을 할 수도 있다. 각 종이 자기만의 화학 물질 신호(성 호르몬)를 적확하게 쓰기 때문이다. 같은 물질을 모습이 다른 가짜 나방들에 바르자, 밤에 그 종의 수컷들이 다가와서 가짜 나방에 내려앉았을 뿐 아니라 교미까지 시도했다. 세균도 같은 종류의 신호를 방출하기만 하면, 서로 모여서 유전자를 교환한다.

신호 자극, 아니 적어도 동일한 기능을 하는 신호들과 신호들의 조합은 마찬가지로 인간 심리의 일부이기도 하다. 그것은 동물 행동학자들이 발견한 또 다른 현상을 통해 존재가 확인되었다. 초정상 자극(supernormal stimulus)이다. 잘 알려져 있듯이, 재갈매기 부모는 알이 땅에 있는 둥지 바깥으로 굴러떨어지거나 과학자가 알을 꺼내어 다른 곳에 두면, 알을 다시 굴려서 둥지에 가져다 놓는다. 그러나 덜 알려진 사실이 있다. 심지어 대부분의 자연사 학자들도 모르는 것인데, 인공 알 2개를 둥지 바깥에 두면, 부모는 먼저 더 큰 알에 주목한다는 점이다. 비정상적으로 클 때도 그렇다. 실험을 계속하면, 큰 알 쪽이 계속 이긴다. 어른 갈매기가 그 위로 기어 올라가야 할 정도로 큰 가짜 알이라도 그랬다.

물론 사람은 그 정도로 어리석지는 않다. 적어도 대부분의 시간에는 그렇다. 하지만 대다수가 깨닫고 있는 것보다 우리는 훨씬 더 본능의 지배를 받는다. 예를 들어, 사람들이 젊은 여성의 얼굴 미모를 판단하는 방식에는 유전적 편향이 있다는 것이 밝혀졌다. 오랫동안 가장 매력적인 얼굴은 건강한 집단이 가진 수많은 얼굴 각각의 특징을 평균한 것이라고 여겨져 왔다. 그러나 북아메리카, 유럽, 아시아의 한 지역에서 평생을 산 이들이 내린 판단들을 토대로 이 개념을 검증하자, 비슷하기는 하지만 전적으로 그렇지는 않다는 것이 드러났다. 가장 아름다운 얼굴은 얼굴의 나머지 부위들에 비해 평균적으로 턱이 약간 더 작고, 두 눈 사이의 거리가 조금 더 멀며, 광대뼈가 좀 더 도드라져 있다. 모델 에이전시, 할리우드 영화사, 눈이 큰 애니메이션 캐릭터를 그리는 화가는 오래전부터 그렇다는 것을 잘 알고 있었다.

타고난 선호도가 어느 날 갑자기 튀어나오는 것이 아니므로, 진화 생물학자들이 왜 이런 선호 양상이 존재하는지를 묻는 것은 자연스러운 일이다. 그 궁극 원인의 탐구를 '다윈주의'라고 한다. 우리는 이렇게 물을 수 있다. 그런 얼굴 배치가 생존과 번식에 어떤 이점을 줄 수 있을까? 한 가지 가능성은 그 이미지가 젊음의 표시라는 것이다. 그런 특징의 소유자는 더 젊을 가능성이 있고, 따라서 더 순결하고 번식력을 상대적으로 더 오래 간직할 가능성이 높다.

문학에도 동일한 일반 원리가 적용된다. 먼저 에밀리 디킨슨(Emily Dickinson, 1830~1886년)의 시를 듣고서 감정의 미학적 극단을 생각해 보자.

죽은 건 아니야, 나는 서 있으니까.
죽은 이들은 모두 누워 있지.

그 스펙트럼의 반대쪽 끝 가까이에는 월트 휘트먼(Walt Whitman, 1819~1892년)의 뱃사람이 외치는 소리가 있다.

오 선장님! 나의 선장님! 무서운 항해는 끝났습니다.
배는 온갖 난관을 뚫고, 원하는 것을 얻었어요.

이런 대목을 읽을 때 당신은 감동을 하며, 다음에 어떤 말이 나올지 짐작하고, 디킨슨과 휘트먼이 펜을 종이에 대고 움직일 때 무엇을 느꼈는지 떠올릴 것이다.

때로는 한 표현 양식이 지닌 거대한 미학적 힘에 다른 양식이 합류함으로써 같은 주제를 더욱 확대할 수도 있다. 윌리엄 블레이크(William Blake, 1757~1827년)의 시화집을 알렉산더 길크리스트(Alexander Gilchrist, 1828~1861년)가 묘사한 글이다. 길크리스트는 1863년에 그 작품들을 발견해 공개할 때, 정당한 평가를 시도했다.

끊임없이 요동치는 색깔들, 글자들 사이에서 구르고 날고뛰는 유령 같은 요정들; 고요한 구석에 놓인 성숙한 꽃들, 살아 있는 빛이자 터지는 불꽃들은 …… 테두리 안에서 페이지가 움직이고 떨어대는 듯이 보이게 한다.

그리고 때로 묘사는 압도적인 아름다움을 지닌다. 많은 시각 미술이 하듯이 그 안에 담긴 사실적 주장을 과장할 때에도 그렇다. 프랜시스 스콧 피츠제럴드(Francis Scott Fitzgerald, 1896~1940년)의 『위대한 개츠비(*The Great Gatsby*)』의 절묘한 마지막 대목도 그렇다.

이윽고 달이 떠오르자 하찮은 집들의 모습은 사라졌다. 마침내 그 옛날 네덜란드 선원들의 눈에 꽃처럼 빛났던 이 섬의 의미를 깨닫게 되었다. 신세계의 싱그러운 초록색 젖가슴과 같은 섬이었다. 이 섬에서 사라진 나무, 개츠비의 저택으로 이어지는 길을 내느라 자취를 감춘 나무, 한때는 인간의 가장 위대한 꿈을 속삭이며 유혹했던 것이다. 인간이라면 이 대륙의 존재 앞에서 넋을 잃고 숨죽였을 순간도 있었으리라. 감히 바랄 수도 없을 만큼 놀라운 광경을 보게 되면서, 이해할 수도 없고 가질 수도 없는 황홀한 명상에 자기도 모르게 빠져들었을 것이다. 그것은 인간의 능력으로는 어찌할 수 없는 불가항력이었다.

창작 예술 분야의 전문가들인 평론가들은 작품을 이해하고자 할 때 단계적인 접근법을 취하는 경향이 있다. 분위기를 토대로 특정한 작품을 평할 때면 종종 그 예술가의 이전 작품 및 평판과의 비교가 들어가곤 한다. 독자는 그런 비교에 흥미를 느끼고 상세히 적힌 내용(평론이 좀 길다고 할 때)을 훑어본다. 이어서 평론가는 예술가의 창작 의도를 깊이 살피고 그의 인생사와 환경이 어떻게 그 작품으로 이어지는지도 논의한다. 마지막으로 그 작품이 폄하에서 극찬까지 전체 등급에서 어디에 놓일지를 요약한다. 평론과 비평은 비록 별개이긴 하나, 그 자체가 예술 작품일 수 있다. 요하네스 브람스(Johannes Brahms, 1833~1897년)의 「교향곡 2번(Brahms' Second Symphony)」은 탁월한 예술 작품이다. 그것을 분석한 라인홀트 브링크만(Reinhold Brinkmann, 1934~2010년)의 평론은 탁월한 예술 비평의 사례다.

최고의 분위기를 지닌 창작 예술 작품 중에는 단지 놀라움을 일으키는 차원을 넘어서, 미학적 의미에서 경악시키는 것도 있다. 그 수준에 오르는 가장 좋은 방법은 어떤 진술을 한 다음 즉시 그와 모순되는 진술을 하는 것이다. 찰스 디킨스(Charles Dickens, 1812~1870년)가 『두 도시 이야기(*A Tale of Two Cities*)』에서 쓴 방식이야말로 이 장치의 최고의 활용 사례일 것이다.

최고의 시간이었고, 최악의 시간이었다. 지혜의 시대였고, 어리석음의 시대였다. 믿음의 시대였고, 불신의 시대였다. 빛의 계절이었고, 어둠의 계절이었다. 희망의 봄이었고, 절망의 겨울이었다. 우리 앞에 모든 것이 놓여 있었고, 우리 앞에 아무 것도 놓여 있지 않았다. 우리는 모두 천국으로 나아가고 있었고, 모두 반대 방향으로 나아가고 있었다. 요컨대 그 시기는 지금과 너무나 비슷했다. 그 시기의 몇몇 가장 말 많은 권위자들은 좋든 나쁘든 간에 그 시대를 비교 최상급으로만 받아들여야 한다고 주장했다.

또 다른 매체인 사진을 보자. 레이철 서스먼(Rachel Sussman, 1975년~)의 사진집 『세상에서 가장 오래된 것들(*The Oldest Things in the World*)』은 나이가 수천 살인 나무들을 비롯한 식물들을 주인공으로 한 최고의 예술 작품이다. 110세 넘게 장수하는 희귀한 사람들처럼, 그런 나무들도 옆으로 구불구불 뻗고 옹이가 지고 비대칭적인 모습을 띠는 경향이 있지만, 경외감을 일으키며, 그들이 젊어서 보낸 지난 세월이 어떠했을지 저절로 생각하게 된다. 이 경이로운 개체들을 보고 있자면, 불편한 부정적인 상관 관계가 연상된다. 그 오래된 존재들이 속한 종 가운데 상당수가 마찬가지로 아주 희귀하며, 일부는 멸종 위기에 놓여 있다는 점이다. 양쪽 범주를 통틀어 세계 최고봉은 오스트레일리아에 사는 로마티아 타스마니카(*Lomatia tasmanica*)라는 학명을 가진 킹스홀리(King's holly)다. 연대 측정이 옳다면, 이 나무는 가장 오래된 생물인 동시에 자기 종의 마지막 개체이기도 하다.

우화와 설화에는 그런 실존주의적 부조화의 사례가 풍부하다. 와이오밍 주 잭슨홀의 국립 야생 생물 미술관에 걸린 벤저민 칼슨의 놀라운 그림은 늑대를 잡아서 막 먹어치우려 하는 사자의 모습이 담겨 있다. (14쪽 참조) 자만심의 어리석음을 보여 주는 우화다.

어느 날 저녁 늑대가 식욕이 동해서 의기양양하게 굴을 나섰다. 총총 달려가는데, 저무는 해에 땅에 그림자가 길게 드리웠다. 그러자 늑대의 몸집이 실제보다 100배는 더 커 보였다. 늑대는 거만하게 외쳤다. "내가 이 정도로 크다니! 저 조그만 사자에게서 왜 달아나야 하지? 나와 사자 중에서 누가 왕인지 보여 주겠어." 바로 그때 엄청난 그림자가 늑대를 완전히 가렸고, 곧이어 사자가 단번에 늑대를 쓰러뜨렸다.

창작 예술을 통해 인문학을 과학과 연결하는 일은 어렵다. 그렇다면 왜 시도를 해야 할까? 창작 예술은 인간의 노력 중 가장 고도로 지적이면서 가장 덧없는 것에 속한다. 헬렌 벤들러(Helen Vendler, 1933년~)는 종합(synthesis)이 이루어질 전망을 낮게 평가하면서 이렇게 썼다. "예술은 충동과 애정에 휩쓸리는 개인으로서의 우리가 진정으로 존재하고 존재했던 방식이자, 우리가 살고 있으며 살았던 방식이다."

여기까지는 괜찮다. 그런데 벤들러는 그 뒤에 이렇게 덧붙인다. "하지만 집단이나 사회학적 패러다임으로서의 우리는 그렇지 않다."

그래서 그녀는 "불가지물(unknowable)"이라는 마법을 불러낸다. 프리드리히 빌헬름 니체(Friedrich Wilhelm Nietzsche, 1844~1900년)가 무지개 끝자락의 색깔이라고 불렀던 것이다. 그녀는 조지프 콘래드(Joseph Conrad, 1857~1924년)를 택한다. 그는 "파악하기 불가능하게 만듦으로써 수수께끼 같은, 거의 기적적인, 놀라운 효과를 일으키는 힘, 그것이 바로 최고의 예술을 가리키는 말이다."라고 했다. 벤들러는 우리가 시인이 시를 떠올렸던 바로 그대로 직접적이고, 모호하게 시를 받아들인다는 자기 확신을 덧붙인다. 그녀는 이렇게 결론짓는다. "이후의 내 모든 작업은 독창적인 양식이 지닌 직접적인 힘을 설명하려는, 즉 시의 의미를 전달하려는 강박증에서 나왔다."

헬렌 벤들러는 탁월한 방향으로 나아갔고, 남들이 따라올 수 있도록 뚜렷한 자취를 남겼다. 그렇지만 예술 비평은 훨씬 더 깊이 파헤쳐야 한다. 예술 비평은 훨씬 더 깊은 이해를 뜻하며, 그런 이해는 과학에서 기원한 지식을 바탕으로 한다면 강력하게 증폭될 것이다. 그렇지 못한다면, 창작 예술은 숲 밖에서 외로이 웃자라는 나무처럼 생명의 세계인 생태계와 무관한 존재가 되어 갈 것이다.

II

인문학, 특히 창작 예술과 철학은 두 주된 이유로 과학에 비해 계속 존중과 지지를 잃고 있다. 첫째, 그 분야의 지도자들은 우리가 선행 인류 조상으로부터 우연히 물려받은 협소한 시청각 공기 방울 안에서만 고집스럽게 머물러 있어 왔다. 둘째, 그들은 우리 생각하는 종이 그 독특한 형질들을 습득한 이유에(어떻게 습득했는지에도) 거의 관심을 기울이지 않는다. 그렇게 우리 주변 세계의 대부분을 알아차리지도 못하고, 뿌리가 잘려나간 상태인지라, 인문학은 불필요하게 정적인 상태로 남아 있다.

익숙함의 위안. 여기서는 인문학과 과학 양쪽의 실패에 대한 비유로 인용해 보았다.
윌리엄 스미스(William F. Smith), 「가로등 기둥(Lamppost)」(1938년).
뉴욕 메트로폴리탄 미술관 소장.

6
인문학의
한계

선사 시대의 모습을 더 상세히 파악하기 전까지, 그리고 그럼으로써 현재의 인간 본성으로 이어진 진화 단계들을 명확히 규명할 수 있기 전까지, 인문학은 뿌리가 없는 상태로 남아 있을 것이다. 인문학의 핵심인 인간 본성은 그것을 규정하는 유전자와는 다르다. 또 현재의 인류 집단들에 가장 널리 퍼진 문화의 제반 특징들과도 다르다. 인간 본성은 특정한 행동 유형을 배우고 다른 유형을 회피하는 유전적 성향이다. 심리학자들은 '준비된 학습(prepared learning)' 대 '역준비된 학습(counter-prepared learning)'이라고 부른다. 준비된 학습 중에는 철저히 규명된 사례도 많다. 아기가 강박적일 만치 언어를 습득하고, 좀 더 자란 아이들이

어른의 행동을 모방하는 식으로 놀이 성향을 드러내는 것이 대표적이다. 반면에 우리는 낯선 이를 신뢰하거나 모르는 컴컴한 숲으로 들어가는 쪽에 대해서는 역준비되어 있으며, 단 한 차례 마주쳐서 깜짝 놀란 것만으로도 평생 뱀과 거미를 두려워하게 된다.

우리 종의 생물학적 진화 과정을 보면, 분명히 언어가 음악보다 앞서 기원했고, 언어와 음악은 명백히 시각 미술보다 앞서 기원했다. 이 시간표가 맞을까? 그리고 참이라면 거기에는 어떤 의미가 함축되어 있을까? 문학, 음악, 미술이 불러일으킨 감정들은 서로 어떻게 연관될까? 다른 종들에게 일어난 진화적 변화를 연구한 결과들로부터, 우리는 중간 단계들, 즉 진화의 '연결 고리들'이 종종 모자이크를 이룬다는 것을 안다. 즉 어떤 형질은 고도로 발전한 반면, 중간 단계에 도달한 형질도 있고, 거의 변하지 않은 형질도 있다. 한 예로, 1968년에 나는 9000만 년 전에 호박에 갇혀서 보존된, 최초로 발견된 중생대 원시 개미를 조사한 적이 있다. 그 개미는 한창 '모자이크 진화'가 일어나는 상태였다. 조상 말벌과 현생 개미 사이의 이 '잃어버린 고리'는 말벌의 턱에 개미의 허리를 지니고 있었고, 더듬이는 조상 말벌과 현생 개미의 중간 형태였다. 나는 그 개미에게 말벌개미라는 뜻의 학명, 스페코미르마(*Sphecomyrma*)를 붙였다.

그렇다면 현생 인류가 아프리카를 벗어나서 전 세계로 퍼질 무렵에 이런 능력들은 어느 수준까지 진화한 상태였을까? 그리고 왜 그렇게 진화했을까? 인문학의 온전한 의미는 STEM(과학(science), 기술(technology), 공학(engineering), 수학(mathematics)의 합성어)에서 도출되지 않을 것이다. 덜 알려진 다른 많은 분야의 조합에서 나올 것이다. 그중에서 가장 중요한 분야를 나는 '빅 파이브(Big Five)' 분야라고 부른다. 고생물학, 인류학, 심리학, 진화 생물학, 신경 생물학이다. 이 분야들은 과학에서 인문학에 우호적인 토대를 마련해 줄 것이며, 여기서 인문학은 만반의 준비를 갖춘 우군을 찾게 될 것이다. 천체 물리학과 행성학에서도 일부 우군을 만나겠지만, 이 분야들은 주로 인간 감정이 펼쳐지는 거대한 극장 역할을 한다. 인간 감정의 의미를 설명하지 못하기 때문이다.

인문학의 주된 단점은 극단적인 인간 중심주의다. 창작 예술과 인문학을 비판적으로 분석할 때는 현재의 교양 문화 관점에서 표현될 수 있는 것 외에는 그 무엇도 중요하지 않은 듯하다. 모든 것은 사람들에게 직접적인 영향을 미치느냐, 아니냐에 따라 평가되는 경향이 있다. 의미는 오로지 인간의 관점에서 평가되는 가치로부터 나온다. 이러한 태도가 빚어낼 중요한 결과는 우리를 다른 모든 생물들과 비교할 여지가 거의 없는 상태에 놓는다는 것이다. 그 결함은 우리가 스스로를 이해하고 판단할 수 있는 토대를 좁힌다.

관습적인 의미에서 역사란 문화적 진화의 산물이다. 역사가는 문화적 진화의 근접 원인들을 낱낱이 해체하는 학자다. 그들은 근접 원인을 교역, 이주, 경제, 이념, 전쟁, 지도력, 유행 등으로 나눈다. 그들은 우리를 신석기 시대의 여명기까지 데려가는 데 성공했다. 농경이 발명되고 잉여 식량이 생기고 마을이 늘어남으로써 부족, 부족 연맹, 국가, 제국이 형성되던 시기다. 우리는 이 모든 변화들이 협력해 문화적 진화를 추진해 현대 세계를 창안했다고 이해한다. 그러나 그 역사는 선사 시대가 끊겨 나가서 없는 불완전한 것이며 선사 시대는 생물학 없이는 미흡하다. 신석기 혁명은 새로 정착한 집단들 사이에서 소규모 유전자 집합에 몇몇 변화가 일어날 정도의 기간인 약 1만 년 전에 시작되었다. 인간 본성 자체의 유전적 및 환경적 기원을 설명하기에는 너무나 짧은 기간이다. 인류 집단은 전 세계로 퍼져나갈 때, 인간의 지능과 사회적 행동의 토대들을 규정하는 기본적인 유전체를 이미 온전히 간직하고 있었다.

인류가 전 세계로 퍼진 시간과 거의 일치하는, 지금으로부터 6만 년 전부터 1만 년 전까지는 인간에게 약 500세대에 해당한다. 그래도 털이 없고 두 발로 선 별난 몸, 지나치게 큰 뇌를 욱여넣은 둥근 머리뼈, 어리석은 감정들을 비롯해, 우리를 단일한 종으로 묶는 형질들의 기원을 설명하기에는 부족한 기간이다. 그리고 그런 형질들에서 나온 매우 중요한 결과인 소리와 의미의 자의적 결합으로 이루어진 언어를 생성하는 공통의 본능도, 창작 예술을 하는 공통의 능력도 그 짧은 기간으로는 설명하기 어렵다. 환경을 탐사하고 혁신적으로 통제하고 부족 종교를 강화하는 신화를 창안할 공통의 능력도 마찬가지다.

나는 500세대라는 시간이 우리 종이 여러 종으로 갈라져서 서로 번식적으로 격리되어 잡종을 형성하지 못하고 세대가 흐를수록 점점 더 멀리 갈라지기에는 너무 짧은 기간임이 드러난 것이 다행이라고 생각한다. 더 오래된 우리의 선행 인류 조상들에게서는 그런 분기가 흔했다. 그런 일이 일어났을 때 나타났을 도덕적 및 정치적 문제들은 해결 불가능했을 것이다. 거의 한 종만 남는 박멸 과정이 일어났을 수도 있다. 우리 종(호모 사피엔스)은 자매 종인 네안데르탈인, 즉 호모 네안데르탈렌시스(*Homo neanderthalensis*)를 바로 그런 식으로 대했을 것이 분명하다.

인간은 시간을 이해하는 데 약할 뿐 아니라, 현재 자기 주변에서 어떤 일이 일어나고 있는지도 거의 알아차리지 못한다. 일상 생활에서 우리는 주변 환경의 모든 것을 잘 인지하고 있다고 상상한다. 사실 우리는 끊임없이 우리 주변에 휘몰아치고 우리를 통과하는 분자와 에너지 파동의 다양성 중 1,000분의 1퍼센트도 감지하지 못한다. 우리는 그저 개인의 생존과 번식을 확보할 수 있는 수준으로만 지각하고 있을 뿐이며, 대체로 우리의 구석기 시대 조상들이 겪은 스트레스도 그 수준에 해당한다. 자연 선택을 통한 진화는 바로 그런 식으로 작동한다. 우리는 강력하면서 가장 경제적인 힘의 산물이다.

생물학자들은 환경에서 맨 감각으로 지각할 수 있는 부분을 가리킬 때 독일어인 움벨트(Umwelt)라는 말을 쓴다. 대강 '우리 주변 세계'라는 뜻이다. 움벨트는 우리의 선행 인류 조상들이 아프리카 사바나 환경에서 수백만 년 동안 대처해야 했던 모든 것을 뜻한다. 우리는 살아남았지만, 우리의 친척이자 지각 능력과 운수가 달랐던 다른 모든 사람 종들은 그렇지 못했다. 멀리까지 볼 수 있는 시력과 예민한 후각을 지니고 높은 안데스 산맥 위를 나는 콘도르도 살아남았다. 깜깜한 어둠 속에 늘 잠겨 있는 심연 해저에서 썩어 가는 고기에서 나오는 희미한 자취를 검출하는 능력을 지닌 먹장어도 그렇다. 깔때기 모양의 집 안쪽 깊숙이 웅크린 채 곤충 먹이가 지나가면서 건드리는 거미줄의 가장 미세한 당김까지 알아차리는 가게거미도 그렇다.

그렇다면 사람의 움벨트는 무엇이며, 어떻게, 왜 움벨트가 된 것일까? 이런 질문은 과학과 인문학 양쪽에서 핵심 질문에 속한다. 첫 번째 질문의 간단한 답은 아프리카 사바나의 명석한 아이로서 진화한 우리 종이 몇몇 감각 능력은 충분히 갖추었지만, 대부분의 감각은 약하고, 다른 감각은 아예 갖추지 못했다는 것이다.

우리는 시각과 청각에 의지해 길을 찾는 소수의 곤충을 비롯한 무척추동물 및 조류와 더불어서 지구에서는 드문, 주로 시청각에 의지하는 극소수의 동물에 속한다. 그러나 우리 시각은 오로지 광자에만 반응한다. 더욱이 우리의 광수용기들은 전자기 스펙트럼 전체에서 아주 좁은 대역 범위만 검출한다. 우리 시각은 빨강이라는 낮은 진동수 끝에서 시작해(적외선까지는 넘어가지 않는다.) 높은 진동수 쪽에서는 자외선 바로 앞에서 끝난다. 우리가 더 나은 광수용기 집합을 가졌다면, 보고 이름한 색깔과 색조의 범위가 훨씬 더 넓었을 것이다. 매와 나비의 시각을 추가할 수 있다면, 시각 미술은 혁신적인 충격을 안겨 줄 것이다.

그렇다면 청각은? 청각은 우리 의사 소통에 필수적이지만, 동물 세계의 청각 능력에 비하면 우리는 귀가 먼 것에 가깝다. 박쥐들은 거의 상상할 수 없을 만치 정확하게 공중에서 회전하고 덮침으로써 빠르게 나는 곤충을 잡는다. 더욱 인상적인 점은 박쥐가 곤충이 내는 소리에 의존하지 않는다는 것이다. 박쥐는 스스로 높은 주파수의 소리를 내고 먹이에 부딪혀서 반사되는 메아리를 듣고서 먹이의 위치를 파악한다. 일부 나방은 박쥐가 내는 주파수에 맞춘 귀를 지니고 있으며, 박쥐가 반향 정위를 위해 내는 소리를 듣는 즉시 땅으로 툭 떨어지도록 프로그램이 되어 있다. 또 수면에 생기는 잔물결을 감지해 발톱을 물에 담가서 할큄으로써 물고기를 낚는 박쥐도 있다. 남아메리카 열대의 흡혈박쥐는 밤에 쉬고 있는 포유동물 — 깜박 잊고서 창문을 닫지 않은 사람도 — 의 냄새를 맡고서 다가가 피부를 조금 벤 뒤에 스며 나오는 피를 핥아 먹는다. (이제 박쥐의 습성을 더 잘 반영한 드라큘라 이야기를 쓸 때가 되지 않았을까.) 소리 주파수 스펙트럼의 반대쪽 끝에서는 코끼리들이 주파수가 너무 낮아서 우리 귀에는 들리지 않은 소리로 복잡한 대화를 나누고 있다.

냄새는 어떨까? 다른 생물들에 비하면 인간은 후각이 없는 것이나 마찬가지다. 자연 환경이든 가꾼 환경이든 간에, 모든 환경에는 같은 종의 구성원들이 의사 소통할 때 쓰는 화학 물질인 페로몬(pheromone)과 잠재적인 포식자나 먹이나 공생자를 검출할 때 쓰는 알로몬(allomone)이 난무한다. 모든 생태계는 상상할 수도 없이 복잡하고 정교한 '후각 경관(odorscape)'이다. (후각과 미각 환경에는 '상상할 수도 없는'이라는 말을 쓰련다. 인류는 화학 물질 감지에 해당하는 어휘를 거의 갖추고 있지 않기 때문이다.) 모든 무척추동물과 미생물까지 포함하면, 생태계 하나에는 수천 종에서 수십만 종이 살고 있다. 우리는 냄새를 통해서 하나로 결합된 자연 세계에 산다.

숲과 초원을 걷고 있는 노련한 자연사 학자도 천둥처럼 울려 퍼지고 있는 후각 신호들의 끊김 없는 합창을 전혀 알아차리지 못한다. 공기 중을 떠도는 그 신호들은 다양하게 뒤섞이면서, 당신과 나는 지각할 수 없지만, 그런 신호를 받고 그 지각에 의지해 살아가는 이들, 즉 숲 거주자들은 지각할 수 있는 냄새들의 난무를 일으킨다. 지표면 밑에서는 다른 페로몬들이 흙과 낙엽층을 뚫고 스며 나온다. 그런 페로몬들은 지표면을 휩쓰는 부드러운 바람에 실려서 퍼진다. 보이지 않는 연기처럼 흩어져서 사라진다.

나를 포함해 화학 감각 세계를 연구하는 과학자들은 페로몬 분자가 그것을 이용하는 종의 기능에 대단히 절묘하게 맞추어져 있다는 사실에 깊은 인상을 받아 왔다. 페로몬 분자의 크기, 흩어지는 속도, 방출되는 시간과 장소, 같은 종 구성원들의 감수성에 따라서 신호가 얼마나 멀리까지 전달되는지가 결정된다. 또 필요한 프라이버시의 수준도 정해진다. 나방 암컷이 짝을 부르는 상황을 생각해 보자.

암컷의 성 유인 물질은 자기 종만의 것이어야 한다. 소량으로도 멀리까지 날아가야 한다. 때로는 수 킬로미터까지 전달되어야 한다. 그리고 다른 나방 종이나, 나방을 사냥하는 거미나 말벌 같은 생물이 아니라 자기 종의 짝에게 감지되어 반응을 촉발해야 한다.

그런데 우리가 실제로 살아가지만 웬만해서는 볼 수 없는 이 유령 같은 세계들이 인문학에 어떤 의미가 있다는 것일까? 분명히 우리는 이 살아 있는 세계를 그려 낼 수 없으며, 이 세계를 만드는 청각 경관과 후각 경관을 이해하지 못한 채로도 안전하게 살아간다.

여기서 자연사 학자인 내 머릿속에는 수면이라는 전적으로 2차원 생태계에서 살아가도록 적응된 생물들의 집합인 부표 생물(pleuston)의 생활 조건이 인간의 것과 비슷하다는 생각이 떠오른다. 안전 그물 위에서 곡예를 부리듯이 표면장력에 올라탄 그들은 미생물, 조류, 균류, 미세한 동식물의 별난 집합이다.

이 분자 두께의 얇은 층에서 비교적 거인이라고 할 생물은 극소수에 불과하다. 가장 눈에 띄는 종류는 소금쟁이다. 이들은 노린재, 침노린재, 매미충, 깍지벌레, 진드기와 더불어 노린재목에 속한다. 모두 끝이 날카로운 주둥이를 지닌다는 점이 특징이며, 그 주둥이로 동물이나 식물을 찔

러서 체액을 빨아먹는다. 사나운 포식자인 소금쟁이는 부표 생물계를 지배하며, 수면 아래의 어류 및 수면 위의 잠자리 및 조류와 우연히 물에 떨어지는 곤충과 거미를 차지하기 위해 경쟁한다. 그들은 세세한 부분까지 정밀하게 부표 생물계에서 살아가기 알맞게 진화했다. 카누 모양의 몸, 번갈아 움직이도록 특화된 3쌍의 길고 가느다란 다리, 균형을 잡는 꽁무니, 속도를 내기 좋은 중간 부분, 사마귀처럼 먹이를 사냥하는 데 알맞은 이빨이 나 있는 앞쪽을 향한 머리가 그렇다. 가운뎃다리와 뒷다리는 멀리 뻗어서 몸무게를 분산시킨다. 그래서 물의 표면이 발에 눌려 움푹 들어가기는 하지만 결코 깨지지 않는다. 온몸과 모든 부속지는 방수 작용을 하는 미세한 털들로 빽빽하게 덮여 있다. 사람이라면 물대포로 느낄 빗방울도, 수면을 뒤흔드는 파문도, 발밑에 눌린 수면도 결코 그들의 몸을 적시지 못한다.

영어권에서 소금쟁이를 때로 '예수 벌레(Jesus bug)'라고 부르는 것도 놀랍지 않다. 부표 생물은 한 가지 기준으로 볼 때 엄청난 성공을 거둔 존재들이다. 그들의 조상은 적어도 1억 년 전, 공룡 시대까지 거슬러 올라가며, 현재 소금쟁이는 지구 표면 대부분에 걸쳐 2,000종 넘게 있다. 분포 범위는 겹치곤 한다. 할로바테스 속(Halobates)에 속한 종들은 먼바다 위나 그 안에서 산다고 알려진 유일한 곤충이다.

세계의 부표 생물은 자신이 존재하는 늘 편평한 세계에 절묘하게 적응해 있다. 그 종들은 이 물 저 물로 짧게 옮겨 갈 때 외에는 결코 수면을 떠나지 않는다. 위나 아래로 이동해 다른 세계로 들어가는 일은 드물고 불완전하게 이루어진다. 부표 생물들은 대체로 현실의 다른 세계에는 몸으로든 본능으로든 반응하지 않는다. 수면과 그곳으로 드나드는 것들만이 그들이 아는 세계다.

이 세계의 왕자인 소금쟁이는 우리에게 아주 기이해 보이지만, 그들에게는 그들의 감각 기관을 통해서 그들의 세계 바깥에 있다고 지각되는 우리가 그럴 것이다. 우리 몸은 우리 종이 진화한 생태계에 맞추어져 있다. 우리 마음도 그에 따라 제한되어 있다. 우리가 완전한 자기 이해라는 희망을 이루려면 우리 자신만이 아니라 우리 주변의 다른 살아 있는 계들의 특수한 양상들도 알아야 한다.

지구에서 우리와 함께 살아가는 수백만 종들의 보이지 않는 유전 암호와 리듬에도 창작 예술의 자리가 있을까? 아마 음악과 시각 예술 쪽으로는 있지 않을까? 그리고 공감각, 즉 화학적 감각을 청각이나 시각과 섞는 식으로 감각 양식들을 혼합할 수 있다면 어떤 가능성들이 열릴까? 이 추측을 한 단계 더 끌고 가 보자. 가까운 미래에 우리는 뇌 과학 기술을 써서 적어도 명금류, 영장류, 파충류, 이어서 나비, 개미, 소금쟁이의 마음을 읽을 수 있을지도 모른다. 그런 뒤에는 그들의 움벨트를 가상 현실로 재현할 수 있을 것이다.

그러나 현재 우리는 인문학이라는 공기 방울 안에 물리적으로 갇혀 있으며, 설상가상으로 그 한계를 여전히 의식하지 못하고 있다. 그 제약이 우리에게 강요하는 기괴하리만치 편향된 내용은 여러 언어에서 각 감각 양식들에 속한 감각 반응을 분류할 때 쓰이는 단어들의 수를 비교하기만 해도 생생하게 드러난다. 우리의 유명한 주/호안시 사람들, 즉 칼라하리 사막 부시먼부터 살펴보자. 그들은 현대의 모든 인류의 먼 조상이 지녔던 특징으로 여겨지는 사회 조직과 일과표를 가진 수렵 채집인이다. 주/호안시 사람들의 방언들을 다 모으니 감각을 가리키는 단어들이 총 117개였는데, 그중 25퍼센트는 시각, 37퍼센트는 청각에 관한 것이었고, 후각이나 미각을 가리키는 것은 8퍼센트에 불과했다. 이 치우침은 놀라운 일이 아니다. 다른 모든 사람과 마찬가지로 주/호안시 사람들도 후각과 미각이 상대적으로 약하기 때문이다.

감각 어휘 측면에서 보면 나머지 인류도 놀라울 만치 비슷하다. 테턴다코타수 족, 줄루 족, 일본인, 영어권 사람들의 언어에서도 시각 관련 단어가 25~49퍼센트를 차지하는 반면, 후각과 미각 관련 단어는 다 합쳐도 6~10퍼센트에 불과하다.

다른 동물들과 비교하면 우리가 유달리 특수하게 분화한 시청각적 종이라는 점이 더욱 두드러진다. 우리는 촉감, 습도, 온도 측면에서는 거의 '무감각' 상태에 가깝다. 몇몇 민물 어류는 전기장을 써서 서로 의사 소통도 하고 사냥도 한다. 우리는 기술을 써서 그 활동을 포착하지만, 맨 감각으로는 알아차리지 못한다. (잘못 움켜쥐었다가 치명적일 수도 있는 충격을 받지 않는 한.) 게다가 우리는 지구 자기장을 감지하지 못하지만, 몇몇 조류 종은 철 따라 이주할 때마다 그 자기장을 이용한다.

창작 예술과 인문학의 단점들은 STEM 시대에 더 두드러지고 있으며, 심지어 가장 극단적인 상황을 상정하는 과학 소설에나 등장할 법한 극도의 인간 중심주의를 빚어내고 있다. 심지어 과학 소설의 변경에 해당하는 수준까지다. 사람들에게 미치는 영향 말고는 그 어떤 것도 고려하지 않는 듯하다. 그 결과 우리는 자신과 비교할 대상이 거의 없는, 따라서 스스로를 이해하고 판단할 여지가 거의 없는 상황에 몰리게 되었다.

요약하자면, 인문학은 다음과 같은 약점들에 시달린다. 인과 관계 설명에 근원이 빠져 있고, 제한된 감각 경험이라는 공기 방울 안에 갇혀 있을 뿐이다. 이런 단점들 때문에, 인문학은 불필요하리만큼 인간 중심주의적이고 따라서 인간 조건의 궁극 원인을 이해하는 능력이 떨어진다.

기원전 5세기 고대 그리스 아브데라의 프로타고라스(Protagoras of Abdera, 기원전 485~410년)는 "인간은 만물의 척도다."라고 선언했다. 그 세계관은 당대에 도전을 받았고, 지금은 더욱더 그래야 한다. 새로운 선언이 필요하다. 그 선언은 이래야 한다. "만물이 인간 이해의 척도다."

7
문제의
핵심

나는 14세 때 플로리다 주 펜서콜라의 한 교회에서 테너가 부르는 찬송가를 듣고서 처음으로 눈물을 흘리면서 침례를 받고 남침례교에 정식으로 입교할까 하는 생각을 품었다. 그것이 예수를 믿는다는 것을 증언하고 천국에 들어서 영원히 그의 곁에 머무는 방법이라는 말을 들었다.

> 멸시 천대 받은 주의 십자가에
> 나의 마음이 끌리도다
> 귀한 어린 양이 세상 짐을 지고
> 험한 십자가 지셨도다
> 최후 승리를 얻기까지

주의 십자가 사랑하리

빛난 면류관 받기까지

험한 십자가 붙들겠네.*

이성적인 판단을 할 나이에 이르는 아이라면 누구나 그 약속을 이해할 수 있다. 사회적 마음의 전환, 개심을 찬미하는 이 걸작의 내용을 말이다. 찬송가 「갈보리 산 위에(The Old Rugged Cross)」는 단 한 편의 가사와 합창 속에 복음주의 기독교의 핵심을 이루는 고통, 사랑, 구원, 공동체라는 개념을 담고 있다.

또 이 찬송가는 종교학을 포함하는 인문학이 사고 방식 측면에서 과학과 어떻게 근본적으로 다른지를 상기시키는 역할을 한다. 인문학만이 사회적 가치를 빚어낸다는 것이다. 인문학의 언어는 창작 예술의 뒷받침을 받아서 올바르고 참이라는 본능적인 느낌을 불러일으키는 감정과 행동을 추동한다. 지식이 충분히 깊어지고 일목요연해질 때, 인문학은 도덕 판단의 최고 원천이 된다.

하지만 잠깐만! 본질적으로 선한 것도 있고, 본질적으

* 조지 버나드(George Bennard, 1873~1958년), 『연합 감리교회 찬송가(United Methodist Hymnal)』(1913년)에서.

로 악한 것도 있지 않나? 그럴 수도 있지만, 모든 생각과 행동이 일단 과학적 및 인문학적 맥락에 놓여야만 도덕적 판단이 가능해질 수 있다는 것도 사실이다.

모든 생명에게 위협이자 지구에는 저주인 핵무기를 생각해 보라. 한편으로, 제2차 세계 대전 때 태평양 전선을 종결시킨 2개의 원자 폭탄은 적어도 미국인이 보기에는 미국인과 일본인 수백만 명의 목숨을 구했다. 그 뒤로 핵무기를 주고받게 될 수 있다는 두려움은 냉전과 나아가 전반적으로 국가 간 전쟁을 억제했다. 세계 역사를 해석할 때 이 도덕적 난제의 해답은 어디에서 찾아야 할까? 그것을 찾아 나서려면 어떻게 해야 할까?

인문학으로 들어가야 한다. 과학은 실증적인 것과 가능한 것을 모두 탐구할 보증서를 지니지만, 사실과 환상이라는 두 기둥 위에 높이 떠받들어지는 인문학은 가능한 것뿐 아니라, 상상할 수 있는 모든 것을 탐구할 권능을 지닌다.

또 인문학은 인간다움의 총체이므로, 인간적인 것들은 모두 인문학에 포함된다. 젊은이들의 교육이 과학과 인문학 사이의 잘 선택된 균형을 바탕으로 이루어져야 한다는 것은 자명하다. 그런 교과 과정은 한때 '전인 교육(rounded education)'이라고 불렸지만, 지금은 대개 '교양 교육(liberal education)'이라고 불린다. 모든 시민에게 제공되는 교양 교육이라는 개념은 미국 민주주의 전통의 가장 큰 성과 중 하나다.

그 개념은 공화국이 출범한 직후에 토머스 제퍼슨(Thomas Jefferson, 1743~1826년)이 잘 정립했다. 그가 1818년에 내놓은 버지니아 대학교 설립 위원회 보고서에 잘 표현되어 있다. 제퍼슨은 시민이 스스로 생계를 꾸릴 수 있고 품성과 능력을 함양할 수 있도록, 모두가 교육을 받도록 해야 한다고 썼다. (노예 소유라는 명백한 위선 행위를 제쳐 두자면) "이웃과 국가에 대한 자신의 의무를 이해하고, 이웃이나 국가가 자신에게 맡긴 역할을 유능하게 수행하고, 자신의 권리를 알도록 …… 그리고 전체적으로 자신이 편입될 모든 사회관계를 지성과 신앙을 갖고 지켜보도록 하기 위해서다."

제퍼슨이 표현한 공교육의 이상은 지금까지도 미국 전통의 핵심을 이루고 있다. 그러나 미국인들이 보내는 인문학에 대한 존중과 지지는 갈수록 과학보다 줄어들고 있다.

2010년 이 불균형을 의식한 미국 상원과 하원의 한 초당파적 모임은 미국의 인문학과 사회 과학의 현황을 조사하고 그것들이 미국인의 삶과 교육에 어떤 역할을 하는지 평가할 보고서를 작성해 달라고 미국 예술 과학원(American Academy of Arts and Sciences)에 요청했다. 미국 학술원(U. S. National Academies) 지원을 받아 2007년에 『모여드는 폭풍 위로(*Rising Above the Gathering Storm*)』라는 제목으로 나온 보고서를 모델로 삼아 달라고도 했다. 이 보고서는 미국의 STEM 분야들(과학, 기술, 공학, 수학)의 현황을 평가했다. 초점은 한 나라에 맞추었지만, 나온 결론은 전 세계에 적용 가능했다.

미국 예술 과학원은 대학교, 학회, 정부 기관, 문화 기관의 지도자들을 모아서 중앙 위원회를 꾸렸다. 최종 보고서는 2013년에 『문제의 핵심(*The Heart of the Matter*)』이라는 제목으로 발간되었다. 보고서는 제퍼슨의 처방을 초월해 현대의 교육 철학까지 담았다.

『문제의 핵심』은 우리가 온갖 어리석음과 약점을 지니고 있음에도, (대강 말하자면) 그리 나쁘지 않다고 확인해 준다. 우리는 주제넘고 오만하고 실수 많고 지나치리만치 총(銃)을 애호한다. 우리가 찬미하는 영웅들은 시인도 과학자도 아니다. 생존해 있는 시인이나 과학자의 이름을 12명 댈 수 있는 미국인은 거의 없다. 대신에 억만장자, 스타트업 혁신 사업가, 전국구 연예인, 최고의 운동 선수가 우리의 영웅들이다.

미국인들은 스스로를 명성 및 돈과 동일시하고 있다. 그렇다고 해도, 어떤 사회 경제적 집단에 속하든 간에 미국인들은 모두에게 높은 수준의 교육이 제공되어야 한다는 것을 첫 번째 원칙으로 삼는다. 이 만장일치 지지를 받는 것으로 추정되는 원칙을 검증하는 진지한 방법이 하나 있다. 기업 경영자들은 과학과 인문학의 균형이 잡힌 교양 교육을 어떻게 생각할까? 물론 윌리엄 셰익스피어(William Shakespeare, 1564~1616년)는 토요타 자동차를 팔지 않는다. 하지만 놀랍게도 2013년 미국 대학 협회가 수행한 온라인 설문 조사에 따르면, 기업 경영자 4명 중 3명은 자기 자녀나 개인적으로 아는 다른 아이에게 교양 교육이라는 개념을 추천하곤 했다. 모두 교양 교육이 어느 정도까지는 중요하다는 데 동의했다. 51퍼센트는 대단히 중요하다고 보았고, 42퍼센트는 꽤 중요하다고 보았으며, 조금 중요하다고 본 이들은 6퍼센트에 불과했다.

게다가 미국인들은 창작 예술을 존중한다. 이런저런 세련된 수준에서, 우리는 창작 예술을 — 얼마든지 다른 식으로 표현할 수 있겠지만 — 오락과 풍부한 지성의 영속적인 원천으로 여긴다. 우리가 가장 큰 가치를 부여하는 것 중 상당수는 질적 수준이 높으면서 점점 더 나아지는 것들이다. 벨칸토와 교향곡 카덴차라는 순수 예술은 관객이 훨씬 적다고 해도 록, 포크, 컨트리, 웨스턴 음악의 친숙한 동료로 받아들여진다. 위대한 시각 미술 작품은 진정으로 위대하다고 여겨지고, 원본을 찾아볼 가치가 있다고 받아들여진다. 국립 인문학 재단(National Endowment for the Humanities)의

설문 조사에 따르면, 1982~2008년에 걸쳐서 적어도 1년에 한 번은 화랑이나 미술관을 찾는 미국인이 20~25퍼센트 증가했다고 한다.

요컨대 우리 사회는 인문학을 대단히 중요하다고 널리 받아들이고 있으며, 인문학은 그만큼 존중을 받고 있다. 그러나 인문학을 표방하는 연구 기관들이 운영 면에서나 자금 면에서 받는 지원은 그 주관적 평가 가치에 한참 못 미치며, 예일 같은 명문 대학들은 현재 신입생 모집이나 새 강좌 개설 모두에서 과학에 중점을 두고 있다.

전반적으로 인문학은 빈곤과 존중 부족이라는 문제에 시달린다. 인문학은 예술가들과 학자들이 열망하는 연구 과제를 완수하는 데 필요한 자금을 충분히 받는 일이 거의 없다. 인문학에 르네상스를 일으킬 만큼 장기적으로 후원하는 부유한 사람도 비교적 적다. 수도원 같은 종교적 은거지들은 더 이상 창작의 성소 역할을 하지 않는다. 국가 예산에서도 인문학은 사치품 항목으로 분류된다. 예술과 인문학의 어떤 분야에 헌신하기를 열망하는 젊은 남녀들은 일자리를 거의 찾지 못한다.

그들 머리 위에서 자연 과학은 맨해튼 상공에 떠 있는 어떤 외계인 모선처럼 짙은 그늘을 드리우고 있다. 2005~2011년에 미국에서 물리학과 생물학은 수학과 함께 연방 정부의 학술 연구 개발에 필요한 돈의 70퍼센트를 지원받았다. 의학과 공학도 거의 비슷한 수준이었다. 필요한 연구비 중 60퍼센트를 약간 넘는 지원을 받았다. 교육 분야는 행동 과학 및 사회 과학과 함께 50퍼센트에 가까운 예산을 지원받았다. 인문학은 바닥에 놓인다. 법학을 제외하면, 20퍼센트 가까이에 머물러 있었다. 인문학은 주로 학술 기관으로부터 나머지 예산을 지원받았다.

과학과 기술은 일반적으로 공익이라고 여겨지는 것을 위해 미국인들로부터 걷는 세금에서 엄청난 지원을 받아 왔다. 이 엄청난 지원을 통해 얻은 지식이야말로 미국이 세계 경제와 과학 기술 분야에서 우위를 유지하는 이유다.

대조적으로 인문학은 주로 교육 기관의 지원을 받으며, 교육 기관은 수업료와 기부금, 그리고 정부에서 나오는 쥐꼬리만 한 예산으로 운영된다. 미국인들이 제공하는 연구비를 따기 위해 과학과 인문학이 경쟁을 할 때, 인문학은 계속 과학에 밀린다.

미국인들은 대개 전문가들이 받는 봉급에 따라 직업의 위신을 정한다. 이 가치 평가의 좋은 척도는 대학 졸업생이 처음 받는 연봉이다. 미국 노동부는 2014년 STEM 쪽 직장인들의 대졸자 초봉이 5만~8만 달러로 최고라고 발표했다. 건축, 영어, 초등 교육, 언론, 심리학 같은 인문 교양 분야의 직업이 가장 낮아서, 연봉 4만 달러 이하에서 시작한다.

미국인들은 기초 과학의 연구 개발이 나라에 보탬이 된다는 말을 종종 듣는다. 그 말은 분명히 옳다. 그러나 그 말은 철학과 법학에서 문학과 역사학에 이르는 인문학의 모든 분야에도 똑같이 들어맞는다. 그런 분야들은 우리의 가치를 보존한다. 우리를 애국자와 협력하는 시민으로 자라게 한다. 독재자의 카리스마적 리더십을 추종하는 대신에, 도덕 규범을 토대로 한 법을 지키는 이유를 명확히 해 준다. 고대에는 과학 자체가 인문학의 피보호자였다는 점도 기억할 필요가 있다. 과학의 옛 이름은 '자연 철학(natural philosophy)'이었다.

그렇다면 인문학이 계속 연구비 부족에 시달리는 이유가 무엇일까? 어느 정도는 조직 종교가 전용하는 가용 자원이 너무 많기 때문이기도 하다. 전 세계 인류 중에는 어느 특정한 종교 신앙에 소속된 이들이 대다수를 차지하며, 그 신앙은 신에 대한 믿음보다는 그 독특한 창세 신화를 통해 정의된다. 각 신자는 우주와 인류의 초자연적인 기원을 설명하는 자기 종교의 창세 신화가 다른 모든 종교의 것보다 더 우월하다고 진심으로 믿는다. 문제는 그 모든 신화가 옳을 수가 없다는 것이다. 두 신화가 동시에 옳을 수는 없다. 그리고 거의 모든 신화는 분명히 옳지 않다.

여러 세기 동안 조직 종교는 초월적인 음악, 문학, 미술을 창작해 왔다. 내가 목격한 가장 감동적인(빠져들 법했던) 의식은 로마 가톨릭의 부활절 행사인 '그리스도의 광명 (Lumen Christi)'이다. 먼저 신자들이 꽉 들어찬 대성당이 어둠에 잠긴다. 신도석 뒤쪽 문이 열리고, 주교가 켜진 촛불을 들고 들어온다. 주교는 보이지 않는 신도들을 향해 "그리스도의 광명"이라고 외친다. 그런 뒤 천천히 중앙 통로를 따라 걷는다. 그 뒤를 사제들이 따른다. 신자들은 숨을 죽인 채 불을 켜지 않은 초를 들고 서 있다. 이어서 주교단이 신도들의 초에 한 줄씩 차례로 불을 붙이고, 이윽고 대성당 전체가 환하게 밝혀진다. 제단에서 부활절 미사가 시작된다.

수 세기에 걸쳐 발전한 이런 장엄한 행사에 푹 빠져들면, 종교 예술이 주류 창세 이야기를 위한 것이었고, 그 이야기에서 벗어나는 것은 허용되지 않았으며, 한 이야기를 다른 이야기로 대체하기 위한 야만적인 전쟁이 그치지 않았음을 잊기 쉽다. 쉽게 풀어쓰자면, 세속적 인문학은 공공 기금의 주목과 지원을 받으려면 조직 종교들이나 종교 비슷한 이념들과 경쟁해야 한다. 전자는 자유롭게 탐사하고 혁신한다. 후자는 그렇지 않다.

신앙 기반 문화 속에서의 경쟁이 인문학을 억누르는 유일한 힘은 아니다. 훨씬 더 강한 힘은 디지털 혁명이다. 과학과 기술은 인문학에 적대적이지 않다. 인문학이 초자연적 도그마나 맹목적 이념에 넘어가지 않도록 힘을 쏟는다. 그렇긴 해도 양쪽의 경쟁은 점점 압도적으로 기울어지는 양상을 띠어 왔다. 장인이 만든 물건, 텃밭에서 재배한 작물, 야생에서 잡은 어획물 등은 점점 사라져 가고 있다. 인문학이 아니라, 자동화, 대량 생산, 지구 통신망이 세계 경제를 키우고, 그 결과 과학과 기술의 지원을 받는 상업과 법조 분야를 전공한 이들이 가장 나은 일자리를 차지하고 있다.

STEM은 미국인에게 권력의 상징이 되었다. 로마의 원로원과 시민(*Senatus Populusque Romanus, SPQR*)에 해당한다. 과학 기술 문화가 궁극적으로 성취할 수 없는 것은 거의 없어 보인다. 모든 질병의 완치, 인공 신체 기관과 인공 생물의 합성, LED 조명을 이용한 수직 수경 재배 농장의 끝없는 식량 재배, 태양 에너지나 핵융합 에너지를 이용한 바닷물 탈염도 그렇다. 또 뇌과학과 인공 지능 분야를 이끄는 이들은 한때 오로지 인문학의 영역이었던 마음과 정신의 기원을 탐구하기 시작했다.

새로운 과학 기술 세계에서 성공하려면, 높은 수준의 교육이, 그것도 많이 필요하다. 이 새로운 현실이 제시하는 도전 과제를 충족시킬 수 있었던 나라는 거의 없었다. 특히

STEM 거인으로서 세계를 이끌어 왔던 미국의 청소년 교육 수준은 계속 낮아지고 있다. 2013년 경제 협력 개발 기구(OECD)가 발표한 연구 자료에 따르면, 미국 만 16~65세의 수학 능력은 상위 23개국 중 21위에 불과하고, 문제 해결 능력은 19개국 중 17위에 불과하다고 한다. 그것이 중요한가? 혁신과 개발은 여전히 고도의 교육을 받은 소수 엘리트가 수행하는 것이 아닐까? 2013년에 미국 의회에서 열린 한 총회에 참석한 이들은 그렇지 않을 가능성이 높다는 말을 들었다. 당시에도 250만 개로 추정되는 STEM 일자리가 충분히 교육을 받은 이들이 부족하기 때문에 채워지지 않고 있었다. 이미 낮은 수준의 일자리들도 대부분 적어도 초보적인 컴퓨터 기술을 필요로 하고 있다.

미국이 처한 문제는 중산층의 급격한 감소와 상관 관계가 높은 소득 양극화가 심해지면서 더 악화되고 있다. 현재 모든 사회 경제적 집단의 미국인들은 미국의 꿈이 새로운 형태로 빠르게 바뀌어 가는 현실 속에서 밀려나지 않으면서, 진화하고 그럼으로써 번영을 누리려면, 우리 앞에 무엇이 놓여 있는지를 잘 파악해야 한다는 것을 깨닫고 있다. 나는 STEM뿐 아니라, 인문학에서도 마찬가지로 강력하고 새로운 성장이 이루어지려면 바로 그런 인식의 확장이 필요하다고 주장하련다.

III

과학과 인문학은 창의성을 낳는 동일한 뇌 과정에서 기원한 것이다. 유전과 문화의 진화 과정을 통해 하나로 엮인 빅 파이브 분야―고생물학, 인류학, 심리학, 진화 생물학, 신경 생물학―를 더 철저히 응용한다면, 양쪽은 실질적으로 더 가깝고도 더 폭넓게 결합될 수 있다.

인문학과 과학은 유전이라는 분자 과정에서 그 과정들이 프로그램한 감정 반응에 이르기까지,
모든 시공간으로 뻗어 나가는 창의적 사고라는 단일한 연속체의 조각들이다.
위는 한 특정한 유전 암호의 진화를 통해 생성된 아프리카의 제비나비(*Papilio lormieri*)의
아래에서 본 모습이고, 아래는 DNA가 감겨 있는 히스톤 단백질이다. 해상도를 엄청나게
높이면 이런 모습으로 보일 것이다.

8
궁극
원인

최고의 예술 비평은 깊은 직관적 지혜로부터 나오는 탁월한 것일 때가 많다. 그렇긴 해도 그 주제가 극도로 주관적인 성격을 띠기 때문에 그 통찰은 겉만 훑다가 쉽게 표적을 놓치곤 한다. 예를 들어, 월리스 스티븐스(Wallace Stevens, 1879~1955년)는 피카소가 현대 세계의 파편화된 무질서를 은유하기 위해 입체파를 창시했다고 주장했다. 그런데 피카소 자신은 입체파가 "유연성(flexibility)"을 지니게 하려는 것이라고 설명했다. 캔버스의 인물이 다른 단계들로 탈바꿈할 수 있는 발달 단계를 묘사하기 위한 것이라고 했다.

화가의 의도는 몹시 특유하며, 평가하기가 어렵다. 앙리 마티스(Henry Matisse, 1869~1954년)는 되풀이해 지각에 새로운 충격을 안겨 주는 작품을 창작하려는 열정에 빠져 있었다. 폴 고갱(Paul Gauguin, 1848~1903년)은 인간의 일생을 집대성한 「우리는 어디에서 왔는가? 우리는 무엇인가? 우리는 어디로 가는가?(Where Do We Come From? What Are We? Where Are We Going?)」라는 걸작을 타히티에서 완성했다. 그런 뒤 그는 파페에테의 산에서 자살하려고 마음먹었다가 고쳐먹고서 마키저스 제도로 이사했다. 미국 텍사스 주 휴스턴 시 라이스 대학교의 로스코 예배당에는 마크 로스코(Mark Rothko, 1903~1970년)의 주제도 형체도 없는 마지막 작품이 걸려 있다. 탁월한 비평가 로버트 휴스(Robert Hughes, 1938~2012년)는 이렇게 표현한다.

경이로운 수준의 자기 유배다. 이 작품들은 모든 세계를 빼내고 공허만을 남긴 것이다. …… 카스파르 다비트 프리드리히(Caspar David Friedrich, 1774~1840년)의 작품에서 바다를 응시하고 서 있는 가상의 관람자가 자연을 대면하는 방식과 흡사한 방식으로 관람자가 그림을 대면하도록 의도하고 있다. 비관적인 내면의 발작 속에서 미술이 세계를 대체하도록 의도한 것이다.

실험적인 미술과 비평이라는 온실 기후에서 별난 하위

문화가 갑작스럽게 제멋대로 싹트는 것은 놀랄 일이 아니다. 잘 가꾼 잔디밭에서 대담하게 버섯과 민들레가 자라나는 것과 비슷하다. 그것들 자체는 일관적인 설명을 거부한다. 다다이즘, 극사실주의 토마토 수프 깡통, 포스트모던 철학과 문학, 헤비메탈과 무조 음악이 그렇다. 질서정연한 마음에서 나온 것이든 무질서한 마음에서 나온 것이든 간에, 그것들은 불행히도 여전히 무질서한 상태에 있는 무의식적 마음의 감정 검문소들과 결정 중추들을 얼핏 엿보게만 한다.

더 깊이 들어가고 더 깊은 인과 관계를 탐사하기 위해, 이제 다른 맥락에서 다른 각도로 더 깊이 탐침을 꽂을 때가 왔다. 인류 역사 내내 그리고 어디에서든 간에, 창작 예술이 그토록 인간의 마음을 사로잡아 온 이유가 뭘까? 그 답은 가장 고급스러운 화랑과 음악당에서 찾지 못할 것이다. 인간 경험에서 더 직접적으로 솟아나는 재즈와 록의 혁신 사례들이 아마 어디를 발굴하는 것이 더 좋을지 알려줄 듯하다. 창작 예술이 한 가지 보편적인 특징, 즉 유전 형질을 수반하므로, 이 질문의 답은 진화 생물학에 놓여 있다. 호모 사피엔스가 약 10만 년 전부터 있었지만, 문자 문화가 존속한 기간은 그 세월의 10분의 1도 안 된다는 점을 명심하자. 따라서 왜 보편적인 창작 예술이 있는가 하는 수수께끼는 인류가 처음 10분의 9에 해당하는 존속 기간 때 무엇을 하고 있었는가 하는 질문으로 귀결된다.

아직 문자를 가지지 않은 순수 수렵 채집인 사회와 원시적인 농경을 하는 수렵 채집인 사회는 선사 시대 문화의 탄생기에 관해 많은 것을 알려준다. 그들의 삶은 단순해 보일 수 있다. 그들은 텔레비전을 보지 않고(대부분은 그렇다, 아직은!) 인터넷 검색도 안 하며 채소를 사러 슈퍼마켓에 가지도 않는다. 그러나 내가 좋아하는 동시에 가장 상세히 연구된 수렵 채집인 사회에 속하는 칼라하리 사막의 주/호안시 사람들은 자기 세력권의 지형을 도로 지도처럼 잘 알고 수백 제곱킬로미터의 땅을 이리저리 돌아다닌다. 그리고 그 안의 모든 과일나무, 샘, 야영 후보지, 조망하기 좋은 언덕을 잘 안다. 그들의 어휘는 현대 도시인의 어휘에 비하면 아주 적을지 모르지만, 동식물의 이름과 설명은 분류학을 전공한 자연사 학자에 맞먹는 수준이다. 모닥불 불가에서 이루어지는, 낮에 한 일들과 낮 시간에 한 일과 상관없는 다른 모든 일들에 관한 그들의 대화와 이야기는 다양하면서 상세하다. 그럴 때 주/호안시 사람들은 숨길의 서로 다른 부위에서 만들어지는 세 종류의 폐쇄음이 섞인 단어들을 쓰곤 한다.

그렇다면 우리는 주/호안시 사람들, 더 나아가 일반적인 인간의 기존 생활 방식으로부터 무엇을 배울 수 있을까? 각 인간은 예외 없이 독특한 생물학적 특징과 사회적 행동을 통해 경계가 정해져 있고 하나의 번식적으로 격리된 동물 종에 속한다. 이런 특징에 대한 정의를 신성한 해석의 단서로 삼을 수도 있는데, 관해파리와 거미줄을 잣는 꼬마거미에서 돌고래와 늑대 같은 동료 포유류에 이르기까지, 다른 수백 종류의 사회성 동물 종들에 관해서도 같은 말을 할 수 있다고 미리 말해 두자. 고래는 미세한 갑각류를 후려 먹어서 거대한 크기로 자라고 박쥐는 반향 정위를 써서 밤하늘을 누비고 새는 지구 자기장을 써서 해가 진 다음에도 방향을 잡아 난다. 인간은 생각을 한다.

과학자들은 이 모든 진화의 초기 단계들을 밝혀내고 있다. 인간 수준의 종을 생성하는 데는 세 가지 전제 조건들이 결합되어야 했던 것으로 드러났다. 첫 번째는 야영지의 형성이다. 그 일은 일찍이 우리 조상인 호모 에렉투스에게서 식성의 변화가 일어남으로써 가능해졌다. 나는 동물계의 역사 전체를 훑어서 총 20개의 독자적인 계통들로 이루어진, 우리가 지금까지 알고 있는 복잡한 사회들의 기원을 모두 검토했다. 각 계통에서 육아를 통해 새끼를 키우는 둥지를 본능적으로 짓는 행위가 앞서 나타났다는 것이 드러났다. 사회성 벌, 말벌, 개미의 둥지는 지하나 나무 위 등 다양한 곳에 지어지며, 새끼를 기르는 특수한 방이 갖추어져 있다. 사회성 총채벌레와 진드기는 살아 있는 식물 안에 생긴 빈 공간을 육아실로 쓴다. 사회성 바다 새우는 살아 있는 해면동물에 굴을 파서 방을 만든다. 초기 인류의 둥지는 통제된 불을 통해 온기와 조명을 얻는 야영지였다. 따라서 널리 퍼져 있지만 흔하지는 않은 적응 형질인, 자식을 키우기 위한 둥지 짓기는 인간가 이룬 희귀한 성취에 이를 수 있는 교두보였다.

20개 진화 계통은 사회 조직 측면에서 볼 때, 이 가장 발전된 형태의 사회적 형질인 '진사회성(eusocial)' 행동을 보인다. 동등한 이들 사이의 협력이 아니라 집단 구성원들이 자신이 맡은 역할을 장기적으로 수행한다는 것을 전제로 하고 이루어지는 조직적인 협력을 토대로 한 분업이 핵심이다. 과학적으로 분류할 때 진사회성에 속하려면, 구성원 중 일부가 생존과 번식에 더 유리하도록 역할들이 미리 정해져 있어야 한다. 단순히 표현하자면, 이타주의는 존재한다. 집단 구성원 중 일부는 집단 전체의 선(善)을 위해 희생한다.

인간 사회 기원의 두 번째 전제 조건은 집단 구성원 사이의 높은 수준의 협력이었다. 각자는 다른 모든 이들과 그들이 맡은 일, 그들의 능력, 그들의 성격을 잘 알았다.

분업, 이타주의, 협력이 함께 진화함에 따라서 사회적

지능이 대단히 중요해졌다. 특히 그것들이 서로 조합되면서 의사 소통이 풍부해졌다. 최초의 인류가 시청각적이었기 때문에 그들은 구어 능력을 진화시킬 수 있었다. 생성된 단어들과 의미의 결합은 원래 자의적이었지만, 서서히 집단 내에서 보편적인 용법으로 쓰이게 되었다. 소리는 빠르게 생성되고 사라진다. 하지만 시각 신호와 달리 불투명한 장애물을 지나가고 모퉁이를 돌아간다. 더 나아가 후각 및 시각 신호와 달리, 단어는 빠르게 늘어나면서 정보 전달을 최대화할 수 있다. 그럼으로써 우리 조상들이 지녔던 동물 본능의 소리는 인간의 언어로 진화했다. 어휘는 인류 집단별로 달라졌지만, 이야기할 능력과 원초적 충동은 유전적으로 프로그램된 상태로 남아 있었다.

집단 내에서 더 뛰어난 언어 능력을 지닌 이들은 집단 내의 경쟁자들보다 생존율과 번식률이 더 나았다. 더 중요한 점은 집단 사이의 경쟁에서는 생사를 가르는 영토 공격 능력뿐 아니라 동맹을 형성하고 교역을 트고 자연 환경에 있는 원천들로부터 물질과 에너지를 추출하는 능력이 더 뛰어난 이들이 이겼다는 것이다.

그 뒤로 뇌는 조상 호모 에렉투스의 900시시에서 초기 호모 사피엔스의 1,300시시 이상으로 커졌다. 멀리서 볼 때 우리가 그림과 기호를 끄적거리고 수다를 떨면서 시간 대부분을 보내는 것도 결코 놀랄 일이 아니다. 너무 커서 모든 구성원을 다 알지 못하는 사회에서 유명인을 마음에 품고 그들에 관해 수다를 떠는 것도 그 때문이다.

9
토대

인류는 키메라 종이다. 우리의 감각과 감정의 생리적 토대는 우리 유인원 조상들의 것과 거의 동일한 상태로 남아 있다. 우리의 예술 창작 능력, 즉 이야기, 춤, 노래, 그림을 만드는 능력은 6만여 년 전에 아프리카를 떠나기 전에 시작되었다. 그 뒤로 모든 것이 달라졌다. 과학과 기술은 분야에 따라 다르겠지만 10~20년마다 2배씩 발전하고 있다. 우주에 있는 모든 것들, 지구와 상상할 수 있는 모든 항성계와 외계 행성에 있는 모든 것들과 시공간 전체를 살펴본다. 반면에 인문학은 사람에게만 매달리고 있다.

바로 거기에 인문학의 딜레마가 있다. 우리는 인문학과 교양 교육에서 인문학이 차지하는 큰 부분이 구석기 시대 감정, 중세 관습, 명확한 의미도 목적 의식도 없이 신 같은 능력을 휘두르는 기술로 이루어진 사회 세계의 본질을 묘사하고 설명할 것이라고 기대한다. 의미 추구라는 측면에서 과학과 기술은 인문학과 분리된 역할을 한다. 과학(기술과 함께)은 우리가 어디로든 선택한 곳으로 가고자 할 때 무엇이 필요한지를 알려주고, 인문학은 과학이 무엇을 만들어 내든 간에 그것을 갖고 어디로 가야 할지를 알려준다. 과학은 새로운 지성 모드(mode)들과 방대한 물질적 능력을 생성하는 한편, 인문학은 과학의 거침없는 스타하노프 운동(Stakhanovite movement, 1930년대에 구소련 당국이 스타하노프라는 노동자가 다른 노동 방식을 써서 생산성을 8배나 기적처럼 올렸다고 선전하면서 노동 착취를 도모한 운동을 말한다. ― 옮긴이)이 주로 제기하는 미학과 가치 또는 그것들의 부재라는 문제를 규명해 왔다.

인류는 지구와 그 위의 모든 것을 지배하는 데 성공을 거두어 왔지만, 여전히 다수의 경쟁하는 국가, 조직 종교, 기타 이기적인 집단에 얽매여 있다. 그 집단들은 대부분의 생물 종과 지구의 공동 이익을 도모하는 일에는 무심하다. 인문학만이 이 결함을 교정할 수 있다. 미학과 가치에 초점을 두기에, 인문학은 도덕 궤도를 새로운 추론 양식 쪽으로, 즉 과학적 및 기술적 지식을 포용하는 쪽으로 구부릴 힘을 지니고 있다.

이 역할을 수행하려면, 인문학은 과학과 섞여야 할 것이다. 무엇보다도 그 새로운 양식은 우리 종의 자기 이해에 의존하는데, 그 이해는 객관적 과학 연구 없이는 이룰 수 없다. 우리의 출현을 이끈 햇빛과 모닥불 불빛처럼, 우리는 자신이 진정으로 무엇이고 무엇이 될 수 있는지 온전하면서도 솔직하게 이해할 수 있으려면, 통일된 과학과 인문학이 필요하다. 그 조합은 인간 지성의 잠재적인 토대다.

앞서 주장했듯이, 그 통합을 이룰 수 있도록 인문학을 확장하는 방법 세 가지가 있다는 것은 분명해 보인다. 첫째, 인간의 맨 감각 세계가 불필요하게 갇힌 채로 머물러 있는 공기 방울에서 벗어나자. 둘째, 유전적 역사의 심오한 역사를 문화적 진화의 역사와 연결함으로써 뿌리를 제대로 찾자. 셋째, 방대한 인문학적 노력을 방해하는 극도의 인간 중심주의를 약화시키자.

인간 존재의 궁극적 의미를 탐구하는 저술가는 으레 천체 물리학과 양자 역학의 수수께끼에도 관심을 보이곤 한다. 또 뇌의 신경 세포와 신경 회로의 최신 연구 흐름도 살펴본다. 반면에 더 전통적인 양식을 따르는 저술가들은 영적인 계몽을 추구하고, 그럼으로써 우리를 인도하지만 영원히 우리의 이해 범위를 넘어서는 어떤 두려운 신비(*Mysterium Tremendum*)나 신을 추구한다.

그런 노력들은 계속되겠지만, 계속 실패할 것이다. 그런 노력들은 가장 강력한 원형 중 하나, 궁극적인 미지의 탐구라는 형태를 취할 것이다. 그것은 성배, 돌에 박힌 칼, 고대인의 비밀 암호, 외계인이 남긴 메시지, 지식의 보고를 열 열쇠, 물리학 기반의 만물 이론 등 시대에 따라 다양한 형태를 취해 왔다.

사실 우리 종의 심오한 유전적 특성에 대한 자기 이해는, 아무튼 상당 부분 이미 이루어졌다. 원리적으로는 나머지에 이르는 긴 길도 깔려 있다. 놀라운 사실들이, 특히 분자 유전학과 발생 유전학 분야에서 기다리고 있지만, 우리가 무엇이며 행성 지구를 떠나지 않은 채로 무엇을 달성할 수 있을지를 설명하는 데 필요한 패러다임 전환에 기여하는 것은 거의 없다. 내가 강조해 왔듯이, 지금까지 그런 의문들의 해답은 우리가 논리적으로 예상할 수 있는 관련 기초 분야들이 제공하고 있다. 고생물학, 인류학(고고학 포함), 심리학(주로 인지 심리학과 사회 심리학), 진화 생물학, 신경 생물학이 그것이다.

인류와 가장 관련이 깊은 이 '빅 파이브' 분야를 하나로 꿰는 공통의 실은 자연 선택을 통한 진화다. 이 보편적인 과정의 탁월함은 1973년 위대한 유전학자 테오도시우스 도브잔스키(Theodosius Dobzhansky, 1900~1975년)가 멋지게 표현한 바 있으며, 이 말은 그 뒤로 종종 인용되곤 했다. "생물학의 그 어떤 것도 진화의 관점에서 보지 않으면 의미가 없다." 그 주장은 이제 대담하게 확장되어야 한다. 과학과 인문학의 그 어떤 것도 진화의 관점에서 보지 않으면 의미가 없다. 철학자 대니얼 데닛(Daniel Dennett, 1942년~)의 말마따나, 자연 선택을 통한 진화는 신이 정한 목적과 의미를 이야기하는 모든 신화를 지져 녹이는 산(酸)이다.

생물학적 진화는 집단 내에서 세대 사이에 일어나는 형질의 유전적 변화라고 정의된다. 시간이 흐르면 한 종에서 다른 종이 생겨나거나, 때로는 한 종이 둘 이상의 종으로 갈라지기도 한다. 교양 있는 사람이라면 대개 이런 내용을 알고 있지만, 이 과정이 실제로 어떻게 작동하는지를 상세히 설명할 수 있는 사람은 거의 없다. 이 놀라운 교육 미비는 주로 학교에서 과학 교육이 제대로 안 이루어지고 있기 때문이다. 그리고 아마 과학과 인문학을 통합해 진정한 전인 교육을 창안하려는 모든 시도를 가로막는 가장 가공할 장애물일 것이다. 그러나 이 내용 전체는 일반 상대성 이론이나 무작위로 고른 현대 추상 미술에 비하면 사실상 매우 단순하다. 다음과 같이 요약할 수 있다.

첫 번째로 중요한 점은, 유전적 진화(때로 생물 진화라고도 한다.)를 부모에서 자식으로, 이어서 자식에서 손자로, 선대와 후대로 연속해 이어지는 하나의 계통으로 생각한다면, 제대로 이해할 수 없다는 것이다. 오히려 유전적 진화는 집단 전체에서 일어나는 유전적 변화다. 그 규모는 전체 집단 내에서 경쟁하는 형질들의 비율 변화로 측정된다. 그 집단은 자유롭게 상호 교배를 하는 개체들로 이루어진다. 집단은 한 종 전체일 수도 있고, 한 종의 지리적으로 고립된 일부 개체군일 수도 있다. 예를 들어, 본토에 사는 같은 종의 다른 개체군들과 격리된 해안의 섬에 사는 개체군일 수도 있다.

집단을 이루는 개체들의 유전자들에는 돌연변이가 끊임없이 일어난다. 어느 특정한 유전자만 보면 아주 낮은 비율이긴 하다. 한 집단에서 한 세대에 100만분의 1의 확률을 보이는 일도 드물지 않다. 돌연변이는 대체로 유전자를 이루는 DNA 문자가 하나 추가되거나 빠지거나, 유전자의 수가 달라지거나, 염색체 내에서 유전자의 위치가 달라짐으로써 일어나는 무작위 변화라고 정의된다. 돌연변이는 신체적 형질이나 심리적 형질에 크거나 작게 영향을 미칠 수 있다.

돌연변이로 일어난 형질 변화가 주변 환경에서 그 돌연변이를 지닌 개체의 생존과 번식에 상대적으로 바람직하다는 것이 입증된다면, 돌연변이체는 염색체의 같은 자리에 있는 다른 유전자들과 경쟁해 이김으로써 불어나서 집단 전체로 퍼진다. 앞서 말한 인간에게 젖당 내성을 일으키는 돌연변이는 그런 사례 중 하나다. 젖당 내성은 우유와 그 모든 제품을 입맛에 맞게 함으로써, 낙농업이라는 문화적 발명에 기여했다. 반면에 그런 형질이 주변 환경에 바람직하지 않다는 것이 드러난다면(젖당 불내성을 보존하는 식으로), 그 돌연변이 유전자는 집단 내에서 아주 낮은 비율로 존속하거나 완전히 사라질 것이다. 뒤시엔 근육 위축, 혈우병, 특정한 암에 잘 걸리는 성향 등 수천 가지 희귀 유전병과 장애는 미미한 비율로 존속하면서 사람의 건강에 중대한 영향을 미치는 형질들이다.

진화는 한 집단에서 같은 형질에 영향을 미치면서 경쟁하는 유전자들의 빈도 변화다. 예를 들어, 젖당 내성 유전자의 빈도가 단 몇 퍼센트라도 높아지면, 진화가 일어난 것이다. 경쟁은 새로 출현한 돌연변이와 이미 자리를 잡은 돌연변이 사이에 일어난다. 경쟁하는 유전자 중에서 어느 쪽이 이기고 지는지는 거의 전적으로 환경에 따라 결정되므로, 생물학적 진화는 '자연 선택'을 통해 일어난다고 말한다. 그 용어는 찰스 다윈이 사람이 원하는 개체들을 골라 교배시켜서 동식물의 품종을 만드는 인위 선택 과정과 구별하기 위해 제시했다.

자연 선택을 통한 진화는 유전자의 빈도가 변하거나 유지됨으로써, 모든 종의 모든 집단에서 꾸준히 일어난다. 극단적일 때는 한 세대만에 신종이 생성될 만치 빠르게 일어난다. 모든 염색체와 유전자가 단순히 2배로 늘어나는 것이 한 예다. 정반대 극단에는 진화가 너무 느리게 일어나 수천만 년 전이나 수억 년 전에 산 조상들과 비슷한 형질들을 여전히 지닌 종들이 있다. 조금 과장하자면, 이 느려터진 종들은 '살아 있는 화석'이라고 불리곤 한다. 투구게, 잠자리, 딱정벌레, 석송 등은 2억 년 넘게 존속하고 있는 형질들을 지닌 익숙한 사례들이다.

자연 선택을 통한 진화의 기본 이론은 돌연변이가 일어나는 유전의 단위가 유전자이고, 환경을 통한 자연 선택의 표적이 유전자가 규정하는 형질이라고 본다. 이 구분은 할리우드 SF 공포 영화의 도움을 받으면 기억하는 데 도움이 될 듯하다. 정부의 비밀 연구소에서 탈출한 거대한 괴물 곤충과 돌연변이 악어들은 그 지역을 난장판으로 만들겠지만, 정상적인 원종과 다윈주의적 경쟁을 함으로써 번식해 퍼질 가능성은 전혀 없다. 그러니 나아질 것이라는 희망을 품어도 된다.

개체 수준 선택과 집단 수준 선택을 놓고 불필요한 혼동이 있어 왔다. 특히 인기 있는 진화 관련 저술가들이 그런 혼동을 일으키는 데 한몫해 왔다. 문제는 유전의 단위와 선택의 표적을 혼동하는 데서 나온다. 따라서 집단 유전학 이라는 잘 정립된 분야에서 쓰이는 개념을 인용하는 것만 으로도 해결된다. 개체 수준 선택은 집단의 다른 구성원들 과의 상호 작용과 별개로, 집단 구성원의 생존과 번식에 영향을 미치는 형질들에 작용한다. 개체 선택은 사회성 진화 의 초기 단계에 우세하다. 유전 형질 중 상당수가 집단 구성원들과의 상호 작용과 무관하게 개체의 성공에 영향을 미치는 시기다. 예를 들어, 개체는 생활사의 특정 시기에 홀로 살아갈 수도 있다. 집단 구성원일 경우에는 자기 자신 과 자식을 위한 먹이와 공간을 남보다 더 많이 차지할 수도 있다.

집단 수준 선택은 집단 구성원들과 상호 작용하는 형질 에 영향을 미치므로, 어느 개체 유전자의 성공은 적어도 어 느 정도는 그 개체가 속한 사회의 성공에 달려 있다. 개미, 벌, 말벌, 흰개미뿐 아니라 해파리를 닮은 관해파리가 잘 보여 주듯이 불임 일꾼 계급이 특징인 가장 고도로 발전된 사회 조직에서는 집단 선택이 개체 선택을 거의 완전히 압 도한다.

그렇다면 인류는 개체 선택과 집단 선택의 스펙트럼에 서 어디에 놓일까? 우리는 중앙 가까이에 놓인다. 그 결과 인간 본성은 개체와 그 직계 가족을 위한 이기심을 부추기는 개체 선택과 더 큰 사회에 봉사하는 이타심과 협력을 부추기는 집단 선택 사이의 갈등을 통해 빚어진다. 본능과 이성의 투기장에서 단련되는 이 두 선택 수준의 혼합물이야말로 인류를 독특하게 만드는 것의 일부다.

사회성 진화에서 집단 선택이 하는 역할은 집단 유전학에서 검증된 기본 개념들에 부합된다. 야외와 실험실에서 나온 수많은 증거들은 집단 선택이 동물계 전체에서 일어난다는 견해를 뒷받침한다. 그런데도 사회성 진화를 다른 식으로 설명하는 포괄 적합도 이론(inclusive fitness theory)은 이 개념을 반박해 왔다. 본질적으로 그 이론은 사회적 행동이 집단 구성원들 사이의 혈연 관계 정도에 맞추어서 진화한다고 말한다. 혈연 관계가 더 가까울수록, 집단 구성원들은 자원을 나누고 일에 협력할 가능성이 더 높다는 것이다. 각 구성원이 생존과 번식 측면에서 치르는 대가는 집단에서 자신이 친족들과 공유하는 유전자들의 수가 증가함으로써 보상을 받는다. 확대 가족을 위해 자신의 삶을 희생한다면, 그저 먼 친척이거나 친척이 아는 이들을 위해 희생할 때보다 더 많은 보상을 얻는다. 가까운 친척을 위해 희생한다면, 집단 내에서 당신의 용감함에 기여하는 유전자들은 더 많이 불어나게 될 것이다.

언뜻 볼 때, 네포티즘(nepotism) 또는 족벌주의를 넘어서 전체 집단 내에서의 협력과 이타주의까지 확장된 이 혈연 선택 개념은 상당한 장점을 지닌 듯하다. 나는 1960년대와 1970년대 초에 사회 생물학이라는 분야를 처음으로 종합할 때 그렇게 말한 바 있다. 그러나 그 개념에는 심각한 결함이 있다. 처음에 그 개념이 흥분을 불러일으키면서 많은 주목을 받았음에도, 지금까지 어느 누구도 그 핵심 특성인 '포괄 적합도'를 측정하는 일에 성공하지 못했다. 성공하려면 집단 전체의 각 개체와 혈연 관계가 얼마나 있는지를 측정하고, 그 적합도가 시간이 흐르면서 상호 간에 얼마나 늘어나고 줄어드는지도 파악해야 할 것이다. 그 일은 기술적으로도 어려울 뿐 아니라, 전반적인 분석을 위해 제시된 방정식들도 수학적으로 부정확하다는 것이 입증되었다. 이런 실수를 저지르는 근본적인 이유가 하나 있다. 포괄 적합도 이론의 관점에서는 유전자가 아니라, 집단 구성원 개체가 선택의 단위가 된다. 포괄 적합도는 번식 연령 전체에 걸쳐서 공유하는 유전자들의 비율을 감안해, 집단의 모든 구성원들과 비교할 때 그 개체가 얼마나 잘 살아가는지를 뜻한다. 그러나 아무리 그럴듯하게 설명한다고 해도, 그런 과정이 있다거나, 고도의 사회적 행동의 기원을 설명할 때 그런 개념이 필요하다는 증거는 전혀 없다.

너무 호되게 공격하는 것이 아니냐고? 인정한다. 제대로 된 과학자라면 어느 정도의 불확실성이 있음을 드러내면서 확률로 말하겠거니 여겨진다는 점을 잘 알고 있으니까. 그러나 포괄 적합도 이론을 지지하면서 집단 선택이라는 이론적으로 확고한 토대를 갖추고 잘 규명된 과정을 경시하는 이들이 점점 줄어들고 있기는 하지만, 그들이 일으키는 혼동을 단칼에 제거할 필요가 있다.

이 견해 차이가 왜 중요할까? 집단 선택이 과학과 인문학 양쪽에, 더 나아가 도덕적 및 정치적 추론의 토대로서도 중요하다는 점은 아무리 강조해도 지나치지 않기 때문이다. 이 주제를 더 명확하고 공정하게 규명해야 한다.

다윈이 『인간의 유래(*The Descent of Man*)』에서 처음 간파했듯이(권위에 기대는 것을 용서하시라.) 인류 집단들 사이의 경쟁은 보편적으로 고귀하다고 여겨지는 형질들, 즉 관용, 용맹, 자기 희생적인 애국심, 정의, 현명한 지도력을 드러내는 형질들의 주된 기여자였다. 이런 특징들을 개체 선택만으로 설명하려면, 이기적 유전자와 그것이 규정하는 복잡한 기만과 조작의 방법을 토대로, 철저히 냉소적인 인간관을 취해야 할 것이다. 그러나 상식적으로 볼 때, 인간성을 그보다 더 잘 설명하는 것이 있다. 우리는 끈끈한 동료애를 발휘하면서 함께 전투하는 부대원들, 모든 위험을 무릅쓰는 소방대원, 익명의 자선 사업가, 창조론자들에게 에워싸인 상태에서 홀로 진화론을 옹호한 애팔래치아 산맥 지역의 교사를 찬미한다. 영웅은 실재하며 우리 곁에 있다. 그들의 선행은 문명의 안전망이다.

집단 선택 때문에, 그리고 그것이 인류의 사회적 행동의 진화에 가져온 명백한 결과 때문에, 우리는 우리 본성의 선한 천사들이 신의 천벌이라는 위협에 눌려서 우리 속으로 파고들었다고 가정할 이유가 없어진다. 그것들은 생물학적으로 유전된다. 우리는 훈련된 야수보다 훨씬 더 운 좋은 자연 선택이라는 기본 원리의 결과물이다.

야생 환경의 동식물상에까지 이어지는 자연 사랑이라는 어디에 사는 사람에게서든 쉽게 볼 수 있는 본성도 마찬가지다. 도시에서만 평생을 보낸 이들조차도 그 본성을 지닌다. 공원과 보전 구역을 주로 경제적 자산이나, 더 나아가 야외 진료소 차원에서 바라보면서 정당화하는 것은 잘못이다. 야생 생물 보전은 그 자체로 독립적이면서 충분한 도덕적 토대 위에 서 있다.

도덕의 기원이나 그것의 부재는 고대로부터 내려온 전갈과 개구리의 우화에 시사되어 있다. 전갈은 개울을 건너고 싶지만 헤엄을 칠 줄 모른다. 그래서 개구리에게 태워 달라고 부탁한다. 개구리는 자신을 찔러서 죽일지도 모른다면서 거절한다. 전갈은 그런 일은 일어나지 않을 것이라고 주장한다. 그러면 둘 다 죽을 테니까. 그래서 개구리는 전갈을 태우고 출발한다. 그런데 반쯤 왔을 때 전갈이 개구리를 찌른다. 둘 다 물에 가라앉을 때, 개구리는 어떻게 그런 끔찍한 짓을 저지를 수 있는지 묻는다. 전갈은 대꾸한다. "내 본성이 그런 걸."

10
돌파구

자연 선택이 인간 생물학을 구석구석까지 프로그래밍해 왔다는 사실이 점점 더 명확해지고 있다. 모든 발가락, 머리카락, 젖꼭지, 모든 세포의 모든 분자 조성, 뇌의 모든 신경 회로, 그리고 그 모든 것 안에 들어 있는 우리를 인간으로 만드는 모든 형질은 자연 선택의 산물이다.

진화의 대가인 자연 선택은 인류가 어떤 초지성체의 계획에서 나온 것도, 자신이 한 행동의 결과를 넘어서는 어떤 운명에 이끌리는 존재도 아니었음을 말해 준다. 인류는 각 세대마다 검증되고 때로 개선되면서 자신의 지질학적 존속 기간에 해당하는 수천 세대에 걸쳐 나온 산물이다. 진화할 당시에 우리 종에게 성공이란 각 번식 주기가 진행되는 동안의 생존을 의미했다. 실패했다면 쇠퇴해 멸종으로 향함으로써, 진화 게임의 종말로 이어졌을 것이다. 그런 일은 대다수의 종에게 일어났으며, 우리 눈앞에서도 많은 종이 그렇게 사라져 갔다. 마지막 여행비둘기와 태즈메이니아 유대류 호랑이는 우리에 갇힌 채 죽었고, 마지막 큰바다쇠오리는 알 밀렵꾼에게 살해당했고, 흰부리딱다구리는 쿠바의 외진 숲 상공에서 까마귀에 쫓겨 날아가는 장면을 마지막으로 사라졌다.

지난 600만 년 동안 우리 조상들도 언제든 같은 운명에 처할 수 있었다. 현재 생존한 다른 모든 종처럼, 우리 종도 그저 유달리 운이 좋았을 뿐이다. 지금까지 살았던 종 가운데 98퍼센트 이상은 사라졌고, 생존자들로부터 나온 다양한 딸 종들이 그들을 대신했다. 그 결과 멸종 대 탄생 측면에서, 한 지질학적 세에서 다음 세로 진화한 종의 수는 거의 균형을 이루어 왔다. 어느 특정한 생물 계통의 역사는 끊임없이 변하는 미로를 나아가는 여행이다. 진화적 적응 과정에서 어느 한 모퉁이를 잘못 돌면, 한 발짝만 잘못 내디디면, 심지어 한 차례 불행하게 지체되기만 해도 치명적인 결과가 빚어질 수 있었다. 우리의 선행 인류 조상들이 살았던 시대인 신생대 전체에 걸쳐서 포유동물 종의 평균 수명은 약 50만 년이었다. 궁극적으로 현생 인류로 이어지게 된 계통은 약 700만 년 전에 침팬지와 인간의 공통 조상 으로부터 갈라졌다. 그 뒤로 행운이 죽 이어졌다. 힘든 시 기에는 선행 인류 집단들이 수천 명까지 수가 줄어들었고, 우리의 친척 종 중 상당수는 0까지 줄어들었지만, 우리 계 통은 신생대 제4기의 600만 년을 헤치고 왔다. 계속 진화를 거듭하면서 존속했다. 때로는 둘 이상의 종으로 갈라지기 도 했다. 모두 진화를 계속했지만, 호모 사피엔스로 이어진 계통만이 — 우연히도 — 계속 살아남았다. 다른 자매 종들 은 선행 인류 계통에서 갈라져 나와서 진화를 계속했다. 시 간이 흐르자, 각 계통은 죽거나 딸 종으로 갈라졌다. 그러 다가 이윽고 모두 쇠퇴해 사라졌다.

침팬지와 인간이 갈라진 뒤로 600만 년에 걸친 기간의 대부분에 걸쳐서, 오스트랄로피테쿠스로 분류되는 종이 아 마 3종 이상, 고향인 아프리카에서 공존했다. 그들은 기본 적으로 채식주의자였지만, 아마 기회가 생기면 고기도 조 금 먹었을 것이다. 현생 침팬지들도 그렇게 한다. (섭취 열량 의 약 3퍼센트이다.) 먹는 식생의 종류는 분명히 종마다 달랐 다. 더 거칠고 더 섬유질이 많은 식물을 먹는 종은 턱과 이 가 더 무거워지는 쪽으로 진화했다. 진화 생물학자는 그렇 게 분화하는 양상을 전체적으로 적응 방산(adaptive radiation) 이라고 한다.

적응 방산을 통해서 한 계통은 고기를 더 많이 먹는 쪽으로 나아갔다. 특히 번갯불이 쳐서 초원과 사바나에 난 불에 구워진 동물을 먹었다. 초기 단계에서 그 집단들은 야영지를 발명했다. 처음에는 새의 둥지나 다름없이 단순했을 것이다. 여기에 그들은 통제된 불을 추가했다. 불타고 있는 나뭇가지의 깜부기불을 여기서 저기로 옮기는 것과 다를 바 없었다.

이 초보적이지만 궁극적으로는 기념비적일 변화로부터 호모 사피엔스의 직계 조상인 호모 에렉투스가 출현했다. 지금으로부터 적어도 200만 년 전이었다. 그 조상 종은 적어도 10만 년 전까지 존속했다. 그때쯤 그 집단 중 적어도 한 집단은 뇌가 훨씬 더 커지고, 턱과 이는 더 작고 더 가벼워진 상태였다.

호모 사피엔스로의 마지막 전환은 호모 에렉투스가 존속하고 있는 동안에 꽤 많이 진행되었지만, 그 종에게서가 아니라, 그보다 더 일찍, 호모 에렉투스의 직계 조상인 호모 하빌리스에게서 이루어졌을 가능성이 더 높다. 하빌린인의 화석 증거는 호모 에렉투스의 것보다 훨씬 적으며, 후기의 전이 종 다음에 곧이어 호모 사피엔스가 등장한다.

230만~150만 년 전에 아프리카에 살았던 호모 하빌리스에게서 현생 인류로 귀결된 변화가 시작된 것은 분명하다. 선사 시대의 이 기간에 머리뼈의 용량, 즉 뇌의 크기는 500시시에서 800시시로 커졌다. 현생 침팬지의 뇌보다 한참 더 커진다. 호모 에렉투스(1,000시시)에게서는 더욱 커졌고, 호모 사피엔스(평균 1,300시시 이상)에게서 다시금 커졌다. 그 기념비적인 문턱을 건넌 것은 초기 호모 사피엔스였다. 뇌가 클수록 기억 능력도 더 커졌고, 그럼으로써 마음속에서 이야기를 엮을 수 있게 되었다. 이어서 생명의 역사에서 최초로 진정한 언어가 출현했다. 그 언어로부터 유례없는 창의성과 문화가 출현했다.

우리는 아직도 진화하고 있다. 더 큰 뇌와 더 고도의 지능으로 이어지는 지향적인 선택을 통해서가 아니라, 전 세계에서의 상호 교배를 통해서 발전시켜 온 균질화를 통해서다. 집단 사이의 평균 유전적 다양성은 급격하게 줄어들고 있지만, 인류의 총 유전적 다양성은 거의 같은 수준으로 유지되고 있다. 문화 차원에서만이 아니라 생물학 차원에서도 우리는 점점 더 통일된 종이 되어 가고 있다.

11
유전적
문화

약 200만 년 전 선사 시대의 호모 하빌리스 시대에 시작된 뇌 크기의 기하급수적 성장은 생명의 역사에서 한 생물의 복잡성에 일어난 가장 급격한 전환이었다. 그것은 유전자-문화 공진화라는 독특한 진화 양식을 통해 추진되었다. 문화적 혁신이 지능과 협력을 선호하는 유전자들이 퍼지는 속도를 높였고, 그것에 호응해 유전적 변화는 문화적 혁신이 일어날 확률을 높였다.

지금까지 과학자들이 추론해 낸 널리 합의된 시나리오에 따르면, 그 전환은 아프리카에 살던 오스트랄로피테쿠스 중 한 집단이 채식성 식단에서 구운 고기가 풍부한 식단으로 옮겨 가면서 시작되었다. 그 일은 차림표에서 우연히 다른 음식을 고르는 식으로 일어난 것도, 입맛이 단순히 바뀜으로써 일어난 것도 아니었다. 그것보다는 해부 구조, 생리, 행동에 전면적으로 유전적 개조가 일어나는 형태였다. 몸은 더 호리호리해졌고, 턱과 이는 줄어들고 더 가벼워졌으며, 머리뼈는 부풀어서 둥근 모양을 띠었다. 인간 사회는 보호 구역을 돌아다니는 침팬지들처럼 홀로 또는 소규모로 먹이를 찾아 돌아다니는 무리에서 사냥꾼들과 채집인들로 이루어진 더 크고 역할 조정이 더 잘 이루어진 집단으로 바뀌었다. 그들은 늑대 무리처럼 모두가 떠났다가 정해진 소굴로 다시 돌아와서 재회하곤 했다. 자유로운 손과 더 큰 지능을 지닌 이 하빌린인들은 불을 야영지로 가져오는 법을 배웠고, 이어서 그 불을 꺼뜨리지 않고 다스리는 법을 터득했을 가능성이 높다.

이 내용은 화석 잔해와 현생 수렵 채집인들의 생활 방식을 토대로 이론적으로 재구성한 것이다. 늑대, 아프리카들개, 사자가 하듯이, 큰 먹이는 서로 나누어 먹었다. 게다가 땅에 사는 몸집이 큰 영장류들이 대개 상대적으로 지능이 높다는 점을 고려할 때, 선행 인류에게는 유례없는 수준의 협력과 분업이 진화할 여건이 마련되어 있었다고 볼 수 있다. 또 집단 구성원들 사이의 사회적 기술 측면에서의 경쟁이 심화되면서도 이 형질들이 선호되었고, 그리하여 개체 수준에서 자연 선택이 일어나는 동시에 집단 사이에서 경쟁이 심해져 갔다. 특히 집단 수준에서의 자연 선택은 이타주의와 협력을 선호했다.

이런 과정들로부터 문화적 진화와 유전적 진화 사이에 상호 강화가 이루어졌을 것이라는 논리적 결론이 따라 나온다. 양쪽은 홀로도 뇌 성장 속도를 증가시킬 것이라고 예상할 수 있다. 둘이 합쳐지면 상호 긍정적인 강화가 이루어질 것이다. 그 결과 하빌린인에서 네안데르탈인과 현생 인류에 이르기까지 뇌가 기하급수적으로 성장했다. 처음에는 느렸지만, 점점 더 빨라지다가 이윽고 머리뼈의 상대적인 크기에 따라 정해지는 물리적 한계로 생기는 반발력 때문에 성장은 한계에 도달했다. 단순한 해부학적 성장은 마침내 수그러들었고, 인간의 지능 발달도 멈추었다. 인간이라는 생물 전체, 특히 돌을 깨고 창을 던지던 기나긴 시대의 원시적인 호모 사피엔스 종족들은 점점 가늘어져 가는 목 위에 한없이 무거워지는 뒤뚱거리는 머리를 올려놓을 수 있도록 설계되지 않았다. 머리의 성장은 약 30만 년 전 달성할 수 있는 최고 수준에서 멈추었다.

유전자-문화 공진화의 출현은 과학과 인문학 통합의 토대다. 예를 들어, 노화 과정을 생각해 보자. 우리는 왜 죽을까? 더 일반적으로, 우리 자신을 포함한 각 종과 인류에게도 풍부하게 있는 각 종 내의 각 유전적 혈통은 왜 고유의 수명을 지닐까? 양치기나 멧돼지 사냥꾼과 정반대로 수명이 긴 개를 반려 동물로 삼고 싶다면, 그레이트데인(수명 6년)보다 치와와(수명 20년)가 더 나을 것이다. 식물도 프로그래밍된 수명을 지닌다. 고위도 지방의 몇몇 침엽수는 평균 1세기 정도를 살고, 몇몇 목련류는 150년을 살며, 미국 남서부의 세쿼이아와 소나무는 수천 년까지도 산다. 하지만 그들도 결국은 늙어서 죽는다. 인간의 한살이와 미리 정해진 수명보다 과학과 인문학에 더 중요한 것이 또 있을까?

프로그래밍된 노화와 죽음을 설명하는 진화 생물학의 주된 이론은 동식물의 각 종에서 대부분의 개체가 외부 원인 — 질병, 사고, 선천적 결함, 영양 실조, 살상, 전쟁 — 때문에 잠재적인 최대 수명에서 한참 못 미치는 시기에 사망하는 생활 양식이 진화했다고 본다. 구석기 시대에는 그런 일이 다반사였고, 50세까지 사는 사람이 거의 없었다. 나아지긴 했지만 여전히 대다수 사람들에게 적용되고 있는 제명보다 일찍 사망하는 이 독특한 현상 때문에 자연 선택은 정력과 번식 욕구가 일찍 왕성하도록 했다. 더 나이든 어른이 아니라, 성년기의 가장 이른 시기에 젊음의 활기찬 생리 상태와 정신 상태가 나타나도록 프로그래밍된 것이다. 즉 자연은 중년과 노년이 아니라 청년에 돈을 건다.

신석기 문명이 시작되면서 농경과 식량 저장이 출현하고, 외부 요인에 따른 사망률이 줄어듦에 따라, 인간의 한살이를 따라 자연 선택의 방향을 돌리는 식으로 인간 조건에 변화가 일어났다. 문화적 진화를 통해 구석기 시대 사망위험 요인들의 위세가 약해진 덕분에, 평균 수명은 점점 늘어났고 번식 가능 나이도 폐경기까지 확대되었다.

미래 세대에게 일어날 한 가지 불가피한 결과는 전체적으로 집단 수준에서 유전적 변화가 일어날 수도 있다는 점이다. 젊음과 출산 능력이 중년까지 확장되는 것만이 아니다. 폐경기도 더 늦게 찾아올 것이다. 그에 따라서 그런 변화가 문화적 진화와 유전적 진화 양쪽에 미치는 영향도 증가할 것이다.

유전자-문화 공진화는 아마 인류의 선사 시대 내내 한가지 중요한 역할을 했을 것이다. 그 공진화는 끊임없이 되풀이되는 주기를 따른다. 언어와 기술이 앞장서고, 그것들을 가장 잘 이용할 수 있는 유전적 계통들을 선호하는 다윈주의적 진화가 뒤따른다.

사실 하빌린인 혁명─인간 조건을 향한 대도약─이 유전자-문화 공진화를 통해 추동되었을 가능성도 있으며, 나는 그럴 것이라고 믿는다. 최초의 호모 속이 살던 이 시기에, 문화는 기술 혁신을 거의 이루지 못했을 것이다. 만일 기술 혁신을 일으켰다면, 신석기 혁명은 훨씬 더 일찍 찾아왔을 것이고, 석기 시대 수렵 채집인 사회는 오늘날까지 남아 있지 못했을 것이다. 한편, 논리적 추론과 쌓인 증거들은 유전자-문화 공진화가 초기 구어뿐 아니라, 점점 더 고도화되는 공감과 협력이 특징인 복잡한 사회적 행동을 출현시킨 강력한 힘임을 가리키고 있다.

12

인간
본성

인간 조건 — 종으로서의 우리, 우리가 되고 싶어 하는 무엇, 현실과 꿈에서 될 수 있을 것이라고 상상하는 무엇 — 은 네 수준의 현상에 의존한다. 첫 번째는 청각, 시각, 후각 같은 감각 입력의 처리 과정이다. 두 번째는 눈 깜박임과 자율 신경계로 대변되는 반사다. 세 번째는 얼굴 표정, 손짓, 웃음 같은 준언어 표현들이다. 네 번째이자 마지막 수준은 상징 언어로서, 호모 사피엔스를 다른 동물들과 절대적으로 구분해 주는 능력이다. 이 네 수준 각각은 뇌의 감정 중추들을 통해 어느 정도 변형된다. 뇌의 잠재 의식 속 검문소들이 내리는 결정에 따라, 이 네 수준 각각은 의식적인 마음에 미래 시나리오가 형성되도록 돕는 기억들을 불러낸다. 이 모든 과정의 결과를 우리는 '생각'이라고 부른다.

사람의 감각 지각은 시각과 청각 쪽으로 심하게 편향된 반면, 다른 대다수 동물은 화학적 단서에 주로 의존한다. 오래전 게슈탈트 심리학자들은 들어오는 감각 정보가 예측 가능한 양상으로 왜곡되고 불명료한 경향을 띤다는 것을 알아냈다. 시각적 이상을 일으키는 사례로는, (우리 마음속에서) 이미지가 꽃병에서 서로 마주 보는 두 얼굴의 옆모습으로 바뀌었다가 다시 꽃병과 얼굴 사이를 오락가락하는 루빈 꽃병(Rubin vase)이 있다. 넓이가 같은 6개의 면으로 이루어진 네커 정육면체(Necker cube)는 앞뒤의 수직 모서리들이 빠르게 반복해 위치를 바꾸는 듯이 보이면서 뒤집히곤 한다. 가장 좌절감을 일으키는 착시 현상은 뮐러-라이어 착시(Müller-Lyer illusion)로서, 선분의 양 끝에 붙인 화살표의 방향이 바깥쪽을 향하면 안쪽을 향했을 때보다 마치 마법처럼 선분이 더 길게 보인다. 마음은 거부하도록 프로그래밍되어 있는 물리적 증거를 검증하기 위해 고군분투한다.

시각계가 현실 세계의 모호함에 대처하는 방식들은 무수히 많다. 뇌는 시각 입력이 제공하는 정보를 자동적으로 재편하고 단순화함으로써 시각 입력의 혼란을 관리한다. 실험 자원자들에게 앞서 기억했던 형상들을 그림으로 그려 보라고 하자, 그들은 실제로 보았던 형태보다 더 일반화시킨 모습으로 그렸다. 특히 대칭성을 더 높이고 형상을 단순화하고 더 명확히 세분하고 비스듬한 선들을 곧게 그리고 어울리지 않는 세부 특징들을 분리했다.

행동의 두 번째 수준을 형성하는 반사는 나중에 기억을 떠올릴 때를 제외하고 의식적 생각과 별개이며, 진정으로 선천적으로 배선된 회로다. 재채기도 반사이며 무릎 반사도 그렇다. 저절로 일어나는 눈 깜박임, 홍조, 하품, 침 분비도 그렇다. 가장 복잡한 반사는 놀람 반응이다. 몰래 거의 닿을 듯이 누군가의 바로 뒤까지 다가가서 갑자기 와락 소리를 지르는 장면을 상상해 보자. (실제로 시도하지는 마시라.) 당사자는 허물어지듯이 즉시 앞으로 주저앉으면서 머리를 숙이고 눈을 감고 입을 쩍 벌릴 것이다. 놀람 반사의 기능은 방어다. 뒤에서 포식자(예컨대, 표범)가 몰래 다가와서 공격하면, 즉시 몸의 자세를 풀고 앞으로 구르면서 피하는 구석기 시대 사냥꾼을 생각해 보라. 따라서 올바른 판단과 빠른 행동은 의식적 생각이 전혀 필요 없이 이루어진다.

인간 본성의 세 번째 수준을 이루는 표정, 자세, 몸짓 같은 준언어 신호들은 의식적으로 펼쳐지는 한편으로 모든 문화에 어느 정도 공통된다. 또 보편적으로 구어의 대체재나 강화제로도 쓰인다. 독일 인류학자 이레노이스 아이블아이베스펠트는 1960년대에 고전이 된 현장 조사 연구를 통해서, 원시적이면서 문자가 없는 사회에서 현대적이고 도시화한 사회에 이르기까지, 모든 사회의 사람들이 동일한 정도로 광범위한 준언어 신호들을 쓴다는 것을 상세하게 밝혀냈다. 두려움, 즐거움, 놀람, 공포, 혐오 등 다양한 감정을 드러내는 얼굴 표정이 주로 포함된다. 아이블아이베스펠트는 조사 대상자들과 함께 생활하면서, 조사 대상자가 의식적으로 행동하는 것을 막기 위해 카메라가 다른 곳을 향하고 있다고 착각하게 만드는 직각으로 달린 렌즈를 써서 그들의 일상 생활을 촬영했다. 그가 내린 일반적인 결론은 준언어 신호가 인류 전체에 공통적인 유전 형질이라는 것이었다.

　　보편적이거나 거의 보편적인 고정된 행동 양상에는 누군가를 만나서 깜짝 놀라면서 기쁨을 표현하기 위해 눈썹을 치켜 올리고 눈을 동그랗게 뜨고 입가에 웃음을 머금는 것도 포함된다. 아이와 일부 여성은 누군가를 만날 때 시선 접촉을 피하고 고개를 돌리면서 두 손으로 얼굴을 가림으로써 부끄러움을 표현한다. 어른들은 어린 자녀와 놀 때 장난스러운 표정을 짓곤 하며, 때로는 깨무는 흉내를 내기도 한다. 남자아이들끼리 하는 놀이와 여자아이들끼리 하는 놀이의 차이 역시 유전 형질이다. 남자아이들은 홀로 또는 편을 나누어서 모의 전투를 벌이는 경향이 있다. 우위를 표현하는 한 방식이다.

갓난아기는 손과 발을 다 써서 움켜쥐며, 손발로 다 기면서 젖꼭지를 찾는다. 아기는 다섯 가지 소리를 낸다. 접촉, 불쾌함, 새근거리는 소리(엄마에게 아무런 문제도 없다고 알리는 소리다. 새근거리는 소리가 없다면 무언가 문제가 생긴 것이다.)가 그렇다. 또 꿀꺽꿀꺽 젖을 넘기는 소리는 아기에게 젖을 먹일 때 모든 것이 잘 돌아간다는 뜻이고, 그 소리가 들리지 않으면 무언가 잘못되었음을 시사한다. 마지막으로 우는 소리는 배고픔, 아픔, 불편함, 두려움을 알린다.

눈과 귀가 멀고 소리도 못 내는 아기도 이 모든 신호와 움직임을 보인다는 사실도 그것들이 유전적으로 새겨진 회로에서 나온 것임을 뒷받침한다. 이 아기들은 시각이나 청각 경험이 전혀 없음에도, 똑같이 적절한 웃음과 울음을 보이며, 잠자코 있으면서 평온한 마음 상태도 드러내곤 한다. 더 나아가 잠시 홀로 두면(신체 접촉이 전혀 없이), 손톱을 물어뜯고 절망적인 표정을 짓는다. 방해를 받으면 손바닥을 펴서 막는 몸짓도 한다.

원초적인 형태의 의사 소통을 분석하는 기법들이 발전함에 따라, 거기에 풍부한 보편 어휘들이 있음이 드러났다. 집단 내에서 우위를 과시하는 자세들과 애초에 우위를 달성하려는 수단들은 한 신호 묶음을 이룬다. 사회성 구세계 원숭이와 유인원도 비슷한 신호들을 주고받는다는 것이 드러났다. 스탠퍼드 대학교 사회 심리학자 데보라 그륀펠드(Deborah H. Gruenfeld)는 누군가가 집단 구성원들 사이에서 다음과 같은 형질들을 과시할 때, 구성원들이 그를 더 힘이 있다고 느낀다는 것을 알아냈다. 그리고 실제로 힘이 있을 때도 많다. 대범하게 행동하고, 손을 몸에서 멀리 뗀 채로 움직이고, 평소에는 시선을 자유롭게 옮기다가 말을 할 때는 시선을 맞추는 행동이 그렇다. 또 자기 자신을 세세하게 설명하지 않고, 회의실이든 사무실 칸막이 안이든 간에 주변 공간을 장악함으로써, 자기 자신과 남들에게 이런 의사를 전달한다. "이건 내 책상이고, 이건 내 방이고, 여러분은 내 청중이야." 우위 행동을 보이는 이들은 테스토스테론 농도가 더 높고 스트레스 호르몬인 코르티솔 농도가 더 낮다.

매우 원시적이면서, 더 나아가 유전적인 또 다른 우위 신호는 의식하지 못한 채 하위자들보다 물리적으로 더 높은 위치에서 쉬는 것이다. 무대, 왕좌, 탑, 시상대, 펜트하

우스든 간에 말이다. 물리적으로, 특히 느슨한 자세로 남들을 내려다보는 것은 그들을 종속시킨다는 의미를 담고 있다. 얼마 전에 나는 마드리드의 프라도 미술관에서 꼬박 이틀을 보낸 적이 있다. 고갱 특별전이 열리고 있었지만, 보는 둥 마는 둥 했다. 대신에 내 평민 유전자가 합스부르크 왕가의 초상화들에 이끌렸는지 그 그림들을 이상하다는 듯이 바라보고 있었다. 초상화들은 온갖 위엄과 호사스러움을 드러냈고, 신의 은총을 받은 양 매우 위압적인 분위기를 풍겼다. 스페인의 펠리페 4세(Felipe IV, 1605~1665년)가 사망한 뒤 페테르 파울 루벤스(Peter Paul Rubens, 1577~1640년)가 그린 초상화는 왕이 높은 곳에서 말을 탄 모습을 담고 있었다. 그의 머리 위에서는 천사가 날고 있었다. 멀리 아래쪽에는 30년 전쟁의 전투를 벌이고 있는 병사들이 보였다. 작게 보이는 병사들이 싸우고 죽어 갈 때, 펠리페 왕은 동떨어진 곳에서 차분하게 있었다. 그는 얼마간 관람자를 향한 자세로 무표정하게 관람자의 아래쪽을 응시하고 있었다.

동물과 인간의 타고난 행동을 연구하는 사람으로서, 나는 하버드 대학교에서 수십 년 동안 동료로 지낸 한 사람이 바로 이 기법을 쓰는 것을 탄복하면서 지켜본 적이 있었다. 하버드에 온 이래로 연구를 안 하기로 악명이 높고, 학과의 의무적 업무들과 대학생 강의를 소홀히 함에도, 그는 교수

회의 때 우위를 점하는 탁월한 연기를 펼침으로써 특권을 유지했다. 회의실에 오면 그는 거들먹거리는 자세로 학과장이나 학장 바로 옆자리에 앉은 뒤, 낮은 목소리로 수다를 떨면서 캐묻는 듯한 시선으로 도착하는 동료 교수들을 하나하나 뚫어지게 응시했다. 대개 논의 주제를 미리 살펴보지 않았음에도, 그는 회의가 시작되면 마치 남들을 대변해 이야기하는 양, 의장을 겨냥해 뭔가 요구하는 자세로 말을 꺼내곤 했다. "음, 제가 알고 싶은 것은요……." 나는 당시 그의 성공 전략을 고찰해 보곤 했다. 침팬지 으뜸 수컷들에게서도 관찰한 행동이었다. 그 자세, 표정, 시선 처리 등이 놀라울 만치 비슷했다.

하지만 사회 심리학자들은 유전적인 비음성 신호가 표현되는 맥락에 따라서 세부적으로 많이 달라질 수 있다는 것을 알아차렸다. 2015년에 위스콘신 대학교의 파울라 마리 니덴탈(Paula Marie Niedenthal)과 마그달레나 리클로프스카(Magdalena Rychlowska)가 이끄는 국제적인 심리학 연구진은 빅데이터 분석을 통해서 웃음을 이용한 의사 소통이 그 사람이 사는 나라를 창시한 민족이 얼마나 다양했는가에 꽤 많이 의존한다는 것을 발견했다. 공격적이거나 경쟁적인 의도와 정반대로 친근한 의도를 알리는 웃음은 다양한 집단에서 유래한 나라에서 더 흔했다.

낯선 이들과 상호 작용을 할 때, 웃음은 신뢰하고 자원을 공유할 것이라는 믿을 만한 예측 지표다. 게다가 협력 행동에 웃음이 따라붙는 것을 보면, 나중에 협력할 가능성이 높아진다. 지위 협상은 다른 문제다. 그런 유형의 사회적 상호 작용은 복잡하며, 장기적으로 집단이 안정됨으로써 고정된 위계질서가 발달하기에 좋은 조건이 조성된 일본과 중국 같은 균질한 문화에서는 파괴를 일으킬 수 있다. 비슷한 상황에서 웃음은 상호 작용이 사회 질서를 교란하지 않을 것임을 알릴 수도 있다. 웃음이 우월한 지위의 다른 표시들과 함께 조소와 비판을 전달하는 특징을 지니는 곳에서다.

생물학으로 돌아가서, 회로로 새겨진 신호들의 형태와 의미의 다양성은 어느 정도는 유전자-문화 공진화라는 기본 과정의 일부로 이어진다. 자연 선택을 통한 진화를 거쳐서 변이 자체를 타고난 형질로 좁히고 굳히는 것이다. 원래 1896년에 이 개념을 처음 제시한 미국 심리학자 제임스 마크 볼드윈(James Mark Baldwin, 1861~1934년)의 이름을 따서 '볼드윈 효과'라고 불렸던, 유전자-문화 공진화는 인간 본성의 진화적 기원과 상당한 관련이 있다. 본질적으로 그것은 학습된 행동의 변이 형태 중 하나가 유리하다는 것이 입증되고 종종 반복되면, 그것을 단지 학습되는 대안으로 놔두기보다는 필수 행동으로 규정하는 돌연변이는 빈도가 늘어날 것이고, 조만간에 새 형질로 고정될 것이라는 원리다.

볼드윈 효과는 개미와 흰개미의 계급 제도에서 놀라울 만치 잘 드러난다. 찰스 다윈은 이 곤충들에 매료되었다. 그는 영국 런던 근교 다운 지역에 있는 자신의 정원에 몇 시간이고 죽치고 앉아서 개미 언덕을 지켜보면서 생각에 잠기곤 했다. 그런 일이 너무 잦았는지 한 하녀가 인근에 살던 다작 소설가 윌리엄 메이크피스 새커리(William Makepeace Thackeray, 1811~1863년)를 들먹이면서 이렇게 말했다고 한다. "쯧쯧, 다윈 씨도 새커리 씨처럼 소일거리를 찾아야 할 텐데."

사실 그 위대한 자연사 학자는 새커리가 줄거리와 결말을 놓고 했을 그 어떤 고심보다도 더 고심하고 있었다. 다윈은 개미에게서 자연 선택을 통한 진화 이론과 모순되는 듯이 보이고 그 이론의 치명적인 약점으로 입증될 수도 있을 무언가가 있음을 알아차렸다. 그는 전형적인 개미 군락이 여왕개미 한 마리와 일시적으로 손님으로 존재하는 수컷 몇 마리, 그리고 군락을 경영하고 모든 노동을 하는 많은 일개미 암컷들로 이루어진다는 것을 알았다. 그의 난제는 바로 이것이었다. 일개미들은 번식하지 않고, 대부분 불임이며, 일부 종의 일개미들은 아예 난소도 없다. 일개미가 번식할 수 없고, 그래서 자신의 복종하는 해부 구조와 행동을 후대로 전달할 수 없다면, 이런 형질들이 어떻게 자연선택을 통해 진화할 수 있었을까? 다윈의 떠올린 답은 맞다는 것이 증명되었다. (짜증 날 정도로 거의 언제나 옳았던 사람이었다.) 그는 군락의 모든 암컷이 동일한 유전 형질을 지닌다고 추론했다. 각 암컷이 어느 계급이 될지는, 즉 서로 다른 체형과 행동을 지닌 여왕이 될지 일꾼이 될지는 자라는 환경에 달려 있다. 마찬가지로 중요한 것은 굼벵이의 축소판 같은 애벌레에서 다리 6개가 달리고 더듬이를 흔드는 성체로 자랄 때 받아먹는 먹이의 양과 질이다. 계급 결정의 구체적인 사항은, 알려진 개미 1만 4000종 전체로 보면 매우 다양하지만, 지금까지 연구된 종들을 보면 모두 발달을 지배하는 선형적 유전자 프로그램의 산물임이 드러나고 있다. 연구자들이 밝혀낸 프로그램 코드 중 하나는 다음과 같은 규칙을 따른다. 애벌레가 미리 정해진 나이가 되었을 때 특정한 크기에 도달한다면, 다음 결정 지점까지는 발달이 느려지지 않고 계속 이루어짐으로써 날개와 난소를 다 갖춘 새로운 여왕이 된다. 대신에 애벌레가 제때에 특정한 크기에 도달하지 못한다면, 날개와 난소가 될 조직들은 성장이 멈추고 성체는 일꾼이 된다. 즉 군락의 모든 알이 유전적으로는 똑같은데도, 날개가 없고 불임이며 자매인 처녀 여왕보다 몸집이 더 작은 개체가 된다.

동적 프로그램의 유전적 판본을 통해 생성되는 변이를 지닌, 계급 결정의 인간판에 해당하는 것은 심리학자들이 '준비된 학습(prepared learnig)'이라고 말하는 것 속에 존재한다. 이 현상은 인간의 본능과 우리 모두가 인간 본성이라고 인식하는 것의 토대를 이룬다. 그리고 그 인간 본성의 창의적 표현이 바로 인문학의 핵심을 이룬다.

준비된 학습의 교과서적 사례는 뱀에 대한 공포다. 으르렁거리는 개가 다가오거나 가까이에서 번개가 번쩍일 때 느낄 법한 평범한 두려움이나 경계심과는 차원이 다르다. 속이 뒤집힐 것 같고 마비를 일으키는 극도의 혐오감을 불러일으킨다. 아이는 뱀을 좋아하는 습성을 학습할 수도 있다. 겁 없이 뱀을 애완 동물처럼 다룰 수 있다. 앨라배마 주브루턴의 T. R. 밀러 고등학교에 다닐 때 "뱀 윌슨"이라는 별명을 얻은 나처럼 말이다. 그곳은 멋진 소도시인데(내 소설 『개미언덕(*Anthill*)』에 나오는 클레이빌이다.), 잘 나가는 축구팀이 하나 있었고, 유일한 파충류 학자인 내가 있었다. 나는 뱀이 사람의 손길에 길들여지면 손바닥 위에서 쉬거나 전혀 해를 끼치지 않은 채 생쥐나 개구리를 찾아서 옷 속을 돌아다닌다는 것을 남들에게 보여 주면서 즐거워했다. 뱀의 피부는 만지면 가죽 같으며, 많은 이들은 미끈거릴 것이라고 짐작하지만 그렇지 않다. 그리고 날름거리는 혀는 독을 내뿜는 화살이 아니라 무해한 후각 기관이다.

그러나 아이가 뱀에 소스라치게 놀란다면 — 단 한 번만이라도, 그저 사소하게라도, 심지어 사진이나 이야기나 바닥에서 꿈틀거리는 어떤 원통형 물체를 보고서 놀라는 등 상상할 수 있는 어떤 방식으로든 일단 한 번 놀란다면 — 단번에 모든 뱀을 지독히도 싫어하거나, 심하면 평생에 걸쳐 거의 마비되다시피 하는 자동적인 공포증을 일으키는 경향이 있다.

다시 말해, 뱀 공포증은 본능처럼 보이고, 어떤 의미에서는 실제로 그렇다. (본능이라는 단어의 전통적인 의미에서.) 그러나 뱀 혐오도 학습되는 것이며, 빠르고 예리하게 표적을 맞추도록 프로그래밍된 방식으로 쉽게 학습된다. 뱀 혐오 본능의 궁극 원인은 무엇일까? 인류와 그 선행 인류 조상들이 수백만 년 동안 치명적인 위험에 직면해 왔다는 것이 명확한 답이다. 뱀 중에서 독이 있는 종은 비율로 따지면 소수에 불과하지만, 그 소수는 지구의 육지 표면에서 가장 위험한 동물들이다. 뱀(독사, 살무사, 코브라, 우산뱀)에 물려서 사망하는 비율이 가장 높은 곳은 동남아시아다. 세계에서 가장 위험한 직업 중 하나는 러셀살무사 — 크고 공격적이고 치명적이며 눈에 잘 안 띄는 뱀이다. — 가 많이 숨어 있는 곳에서 찻잎을 따는 일일 수도 있다. 독사는 전 세계 열대와 온대 지방에 거의 다 퍼져 있다. 아주 드물긴 하지만, 핀란드와 스위스에서도 뱀에 물려서 목숨이 위태로워지는 사건이 일어나곤 한다.

우리의 지질학적 과거에서 튀어나온 유령처럼, 위험할 수 있는 다른 동물들도 나름의 유전적 공포증을 일으켜 왔다. 인간에게는 거미를 본능적으로 두려워하는 거미 공포증에 걸리기 쉬운 민감한 시기가 있는데, 만 3.5세 무렵에 시작되어 유년기 내내 지속된다. 나는 약한 형태의 거미 공포증을 지니고 있고, 결코 완전히 없앨 수가 없었다. 전반적으로 곤충을 두려워하는 태도("벌레"라는 말에 겁을 먹기 쉬운 태도)는 만 6~8세의 아이들에게서 강하게 나타나다가 그 뒤로는 약해진다. 더 큰 동물에 대한 준비된 두려움은 대개 만 5세 이전에는 발달하지 않지만, 개(즉 고대의 늑대)에 대한 두려움은 만 2세에 나타날 수도 있다.

놀라운 사실은 조건화한 혐오와 공포증을 획득하는 예민한 능력이 기나긴 세월에 걸쳐서 우리의 먼 인류와 선행 인류 조상들이 야생에서 겪은 위험들에만 거의 전적으로 한정되어 나타난다는 것이다. 다양한 동물 적들뿐 아니라, 비좁은 공간, 높은 곳, 급류, 집 바깥에서 마주치는 낯선 이들에 대한 공포도 포함된다. 우리 종에게서 칼, 총, 자동차에 대한 공포증이 진화하려면 아직 시간이 더 필요하다. 현대인에게 훨씬 더 주된 사망 원인들인데 말이다.

창작 예술의 미학적 핵심에 더 가까이 다가가 보자. 뇌의 알파파를 측정하면 우리가 구성 요소들 중 약 20퍼센트가 중복되어 나타나는 추상적 디자인을 볼 때 가장 흥분한다는 것이 드러난다. 단순한 미로, 로그 나선의 2회 회전, 비대칭적인 십자가에서 발견되는 것과 거의 같은 수준의 복잡성이다. 복잡성이 더 낮으면 매력이 없이 단순하다는 느낌을 받으며, 더 복잡하면 '혼잡'하다는 인상을 받는다. 이는 프리즈, 격자 세공, 간기(刊記), 로고, 깃발 디자인에서 성공을 거둔 많은 작품에서 비슷한 수준의 복잡성이 나타난다는 점과도 관련이 있어 보인다.

같은 수준의 복잡성은 원시 미술과 현대 미술 및 디자인에서 매력적이라고 여겨지는 것의 일부분을 이룬다. 이 최적 복잡성 원리(optimum complexity principle)는 흘깃 보고 전체를 파악하고자 할 때 뇌가 지닌 한계의 한 표현 형태일지도 모른다. 한 번 흘깃 보고서 셀 수 있는—즉 세부 단위로 쪼개어 센 뒤에 합치는 식이 아닌—사물의 수가 7인 것도 같은 원리를 따른다.

인문학은 우리 마음과 창의성의 키메라적 특성을 이해하는 수준에 도달하지 못하고 있다. 우리는 거의 알려지지 않았고 일부만 겨우 이해하고 있는 선사 시대 사건들이 우리 DNA에 새긴 감정들의 지배를 받고 있다. 그런 한편으로 너무나도 당혹스럽게도, 우리는 조만간 로봇에게 명령을 내리는 일은 잘할지 모르지만, 우리를 인간으로 유지하는 데 필수불가결한 고대로부터 지닌 가치들과 감정들에는 잘 대처하지 못할 과학 기술의 시대로 빠르게 진입해 가고 있다.

IV

우리 종이 점점 빠른 속도로 자연 세계를 파괴해 가는 와중에도, 자연은 여전히 깊은 사랑과 두려움의 원천으로 남아 있다. 인간화한 환경으로 지구를 싹 뒤덮으려 서두르고 있지만, 우리는 잠시 멈추어 서서 자연과 우리의 관계가 어떻게, 그리고 왜 존재하는지를 생각해 보아야 한다. 반드시 그래야 한다. 뒤에서 말하겠지만, 그런 수준의 자기 이해는 과학과 인문학을 융합함으로써만 이룰 수 있다.

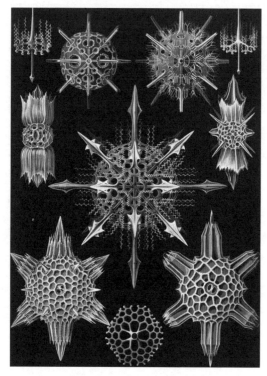

지구 생명의 한없는 아름다움. '눈송이'처럼 보이는 이 물체들은
해양 무척추동물들의 뼈대이다. 독일의 박물학자
에른스트 헤켈(Ernst Haeckel, 1834~1919년)의 그림이다.

13
자연이
어머니인 이유

인류가 존속한 기간인 10만 년 거의 대부분에 걸쳐서, 자연은 우리의 고향이었다. 우리 마음속, 우리의 가장 깊은 두려움과 욕망 차원에서 보면 우리는 여전히 자연에 적응해 있다. 농가, 마을, 제국이 발명된 지 1만 년이 지난 지금도 우리 정신은 자연 세계라는 생태학적 모국에 살고 있다.

우리는 이 자족적인 환경 바깥에서는 오래 살지 않으며, 오래 살 수도 없다. 우리는 궁극적으로 자연의 후의(厚意)에 의존하는 협소한 생물학적 지위 안에 존재한다. 자연 세계는 권력과 영생을 초라하게 만든다. 따라서 우리가 '어머니 자연(Mother Nature)'이라고 부르는 데는 타당한 이유가 있다. 자연은 우리의 활동으로 훼손되어 왔지만, 그

것이 새로운 사실은 아니다. 기나긴 지질학적 여정으로 보면, 인류는 그저 또 하나의 교란 요소일 뿐이다. 배우 줄리아 로버츠(Julia Roberts, 1967년~)가 국제 보전 협회(Conservation International)를 대표해 했던 말을 빌려서 기나긴 세월에 대한 자연의 이야기를 들어보자.*

사실 내게는 인류가 필요하지 않습니다,

인류가 나를 필요로 하지요.

그래요, 여러분의 미래는 내게 달려 있어요.

내가 흥하면 여러분도 흥합니다.

내가 비틀거리면 여러분도 비틀거리거나 안 좋아지지요.

그러나 나는 영겁의 세월을 존재해 왔어요.

나는 여러분보다 더 위대한 종들을 먹여 왔어요.

그리고 여러분보다 더 위대한 종들을 굶겨 없애기도 했죠.

내 바다, 내 흙, 내 흐르는 하천, 내 숲

모두 여러분을 데려오거나 데려갈 수 있어요

여러분이 매일 어떤 삶을 택하든,

* 「말하는 자연: 어머니 자연이 된 줄리아 로버츠(Nature is Speaking — Julia Roberts is Mother Nature)」, 국제 보전 협회 연설. 다음 링크를 참조할 것. https://www.youtube.com/watch?v=WmVLcj-XKnM.

나를 존중하든 무시하든 간에,

사실 내게는 중요하지 않아요.

여러분이 어떤 식으로 행동하느냐에 따라

결정되는 것은 여러분의 운명이지,

내 운명이 아니니까요.

　

우리는 도시에서 크게 성공하겠다고 고향을 떠난 지구의 말썽쟁이 아이들이다. 그러나 과학자들이 밝혀내고 있고 내가 강조해 왔듯이, 우리 유전자에는 아직 어머니 자연의 손길이 많이 남아 있다. 자연 세계에서 살던 시절 진화는 우리의 의사 소통 수단인 몸짓과 표정에 지워지지 않을 흔적—다윈의 비유이다.—을 남겼다. 우리는 가장 살고 싶은 환경을 선택할 때에도 선천적으로 고정된 행동을 한다. 워싱턴 대학교의 고든 하월 오라이언스(Gordon Howell Orians, 1932년~)와 다른 과학자들 및 인문학자들의 선구적인 연구 덕분에, 우리는 서식지 선택 본능이라고 부를 만한 것을 꽤 많이 안다. 다양한 문화의 사람들을 조사하니, 다음과 같은 주거지 선호도를 보였다. 작은 나무들과 관목 숲이 점점이 흩어진 넓게 펼쳐진 사바나와 그 너머의 바위 지대나 울창한 숲이 내려다보이는 높은 곳을 원한다. 마지막으로 호수나 강 등 물이 가까이 있는 곳을 택한다. 그들이 원하는 경관은 우리 인류와 선행 인류 조상들이 기원한 아프리카 환경에 아주 가깝다.

아시아, 유럽, 북아메리카의 화가들은 목초지와 숲 환경을 담은 그림에서 동일한 조합을 보여 준다. 대체로 그들은 빽빽한 낙엽수림과 침엽수림이 특징인 온대 지방 북부의 원시 환경을 피한다. 그런 환경을 묘사할 때는 대개 초원과 호수를 끼워 넣어서 부드럽게 만든다. 인류 조상들이 본능적으로 선호한 곳이 들어갈 공간을 마련한다.

오라이언스는 생물도 포함함으로써 '사바나 가설'을 더 정밀하게 다듬고 있다. 일본 교토의 절에서 영국 남작의 영지에 이르기까지 정원사들이 널리 이용하는 나무들은 아프리카 사바나에서 주로 보이는 아카시아와 형태적으로 공통된 특징을 보인다. 높이에 비해 수관이 유달리 넓게 펼쳐지고, 줄기가 짧고, 작고 갈라진 잎이 난다. 일본에서는 이런 특징들을 완벽하게 구현하기 위해, 1,000년 넘게 단풍나무류와 참나무류 품종을 개량해 왔다. 나는 사바나 가설을 알기 전에도, 내가 선호하는 나무들이 일본의 단풍나무였다고 증언할 수 있다. 지금도 그렇다.

어떤 적응적 이점이 있기에 인간은 아프리카 사바나 같은 서식지를 선호하는 것일까? 그런 이점이 있는지 찾아보는 것이 논리적이다. 이동한다고 알려진 모든 동물 종들은 자신의 생존과 번식에 가장 적합한 환경을 찾아야 한다. 자신에게 딱 들어맞는 곳으로 갈 방법을 찾아야 하며, 빠르면서 오류 없이 정확하게 도달해야 한다. 현생 인류에게서도 적어도 이 성향의 흔적을 찾을 수 있을 것이라고 기대하지 않을 이유가 없다.

한번은 경관 건축가들의 학술 대회에서 강연한 적이 있다. 당시 나는 바이오필리아(biophilia, '생물 호성' 또는 '생명 사랑'이라고도 옮길 수 있다.─옮긴이), 즉 다른 생물들과 접촉하는 것을 좋아하는 타고난 성향을 역설했다. 당시 바이오필리아 건축이 그 분야에 막 받아들여지기 시작했을 때였다. 나는 인간 서식지 선호의 사바나 가설도 언급했다. 그런데 그들이 좀 시큰둥한 반응을 보이는 듯해서 좀 의아했다. 너무 난해한 이야기인가, 아니면 제대로 설명하지 못한 것일까? 나중에 내 이야기가 불분명했는지 건축가 친구에게 물었다. "아니야, 그냥 이미 다 아는 내용이라서 그런 거야."

사바나 고향이 우리의 원초적인 동경을 빚어낸 이유는 단순하며, 쉽게 검증할 수 있다. 초기 인류는 높은 곳에서 풀을 뜯는 동물들과 다가오는 적들을 한눈에 내려다보았다. 물가에 살면 가뭄이 심할 때도 물을 얻을 수 있었다. 추가로 식량도 얻었다. 가지가 수평으로 낮게 펼쳐진 아카시아 특유의 형태는 사자처럼 인간을 덮칠 만큼 크고 사나운 포식자를 피해 빠르게 기어 올라갈 수 있게 해 주었다. 수평으로 성기게 뻗은 가지들은 그 위에서 포식자가 떠날 때까지 기다리면서 쉴 수 있었다. 또 먹잇감을 찾아서 지형을 훑는 관측소 역할도 했다.

대부분의 사람이 숲길을 걷는 것을 즐기는 이유와 그 경험이 몸과 마음의 건강에 기여하는 이유를 탐구하는 일은 진화 생물학의 영역에 속한다. 물론 운동의 의미도 있지만, 우리 마음속 깊은 곳에서 작동하는 다른 무언가가 있다. 우리 마음속에는 여전히 이런저런 식으로 사냥꾼과 채집인이 살고 있다. 그러니 나와 함께 구석기 시대 조상을 따라서 사냥을 하는 상상의 여행을 떠나 보자.

살아남으려면 눈과 귀를 계속 열어두어야 한다. 400미터쯤 되는 들판을 걸어서 가로지른다. 길로만 가는 것이 아니다. 길을 따라서 포식자와 적이 숨어 기다리고 있을 가능성이 높다. 유럽, 아시아, 북아메리카의 온대 지역 어디에나 있는 잘 자란 활엽수림은 좋은 서식지가 된다. 전에는 알아차리지 못한 동식물들이 보일 것이다. 그들은 옆으로 1미터쯤 떨어진 곳에서 보이지 않은 채 사는 수많은 종 중 극히 일부에 불과할 것이다. 수십 종의 식물, 이끼, 지의류, 무수한 균류, 수천 종의 거미, 노래기, 지네, 진드기, 톡토기 등 생물학이 아직 대체로 또는 전혀 모르고 있는 생물들이 있다. (당신이 있는 곳이 미국 수도 워싱턴 D. C.의 록 크릭 공원이나 뉴욕의 센트럴파크라고 해도, 그곳에서도 여전히 새로운 종이 발견될 가능성이 있다.)

내가 말하고자 하는 요점은 이것이다. 자연의 경험은 그것을 흡수하는 법을 배운 이들에게는 마법의 우물이다. 퍼 올릴수록 퍼 올릴 것이 더 많아진다. 야생 환경을 처음 방문할 때는 흥미로운 것들을 대부분 놓치기 마련이다. 다시 가면 좀 더 많은 것이 눈에 들어오고, 눈에 보이는 것들에 이름을 붙이기 시작한다. 이어서 더욱더 많은 새로운 세부 사항들이 눈에 들어올 것이다. 각 종이 나름의 이야기를 간직하고 있음을 알아차릴 것이다. 퇴직한 뒤 플로리다에서 지내는 곤충학자인 친구는 뒤뜰에서 붉은제독나비가 애벌레에서 어른벌레가 되는 과정을 세대마다 계속 지켜보았다. 하릴없는 짓처럼 여겨질지 모르지만, 그가 붉은제독나비가 개성을 지닌 복잡한 영토 수호 행동을 보이는 나비임을 발견했음을 증언할 수 있다. 그의 관찰은 과학적 가치가 있었다.

야생을 경험하기 위해 굳이 아마존이나 콩고까지 여행할 필요는 없다. 내가 '미소 야생(microwilderness)'이라고 부르는 것 속에도 새로운 것과 도전거리가 충분히 존재한다.

작은 공간과 그 디테일의 잠재력을 탐구하는 자연 저술 장르도 새로 생겨났다. 애니 딜러드(Annie Dillard, 1945년~)는 1974년에 퓰리처 상을 받은 『팅커 크릭 순례(*Pilgrim at Tinker Creek*)』로 이 분야를 개척했다. 데이비드 캐럴(David M. Carroll, 1942년~)의 『물을 따라서: 하이드로맨서의 일지(*Following the Water: A Hydromancer's Notebook*)』(2009년), 데이비드 조지 해스컬(David George Haskell, 1950년~)의 『숲에서 우주를 보다(*The Forest Unseen*)』(2012년), 데이브 굴슨(Dave Goulson, 1965년~)의 『초원에서 윙윙거리는 소리: 어느 프랑스 농장의 자연사(*A Buzz in the Meadow: The Natural History of a French Farm*)』(2015년)도 그 분야의 탁월한 작품들이다. 과학적 자연사와 시적 해석을 결합한 이런 작품들은 눈에 안 보이던 것들을 보이게 하고, 작은 것을 크게 확대하고, 생명의 아름다움을 모든 차원에서 더 쉽게 경험하도록 해 준다.

적어도 몇몇 창의적인 예술가들은 다윈이 『종의 기원(*The Origin of Species*)』의 마지막 단락에서 "뒤엉킨 둑"이라는 말로 표현함으로써 유명해진 작은 공간에 무한해 보이는 생물 다양성이 빼곡히 들어차 있는 이 이미지를 포착했다. 나는 잭슨 폴록(Jackson Pollock, 1912~1956년)의 유명한 1950년 작품 「가을의 리듬(Autumn Rhythm)」에 시선이 간다. 이 난시의 눈으로 본 장면 같은 그림은 영국의 길섶이나 다른 생태계에서 언뜻 본 웃자란 풀들을 나타낸 것일 수도 있다. 나중에 정말로 화가가 자연을 표현하려고 한 것이라는 말을 듣고서 나는 기뻤다. 폴록의 다른 작품들에서도 그가 무엇을 염두에 두고 그렸든 간에, 나는 아마 내 특유의 기벽일지 모르겠지만, 같은 느낌을 받았다. 「넘버 8(Number 8)」이 특히 그랬다.

그렇긴 해도 모든 분야의 창작 예술가들은 야생과 그 안의 생물 다양성이 지닌 잠재력을 탐사하는 쪽으로는 한참 미흡하다. 거기에는 종을 불어나게 하는 진화가 있고, 초기의 혼란이 질서 잡힌 생태계로 변모하는 과정이 있다. 그리고 오래된 자연 생태계를 망가뜨리는 침입종이 있다. 또 환기하는 시적 및 시각적 묘사를 통해서 생각과 감정으로 번역될 수 있는 훨씬 더 많은 자연적인 과정들과 인간이 일으킨 과정들이 있다.

14
사냥꾼의
황홀경

노련한 사냥꾼이 특정한 동물이나 식물을 찾아 황홀경
에 빠질 때, 그는 뒤엉킨 둑의 일부가 된다. 사냥감을 노릴
때, 사냥꾼은 늑대처럼 무리를 짓기보다는 호랑이처럼 홀
로 일한다. 그는 자신의 사냥감이 사는 장소와 환경의 이모
저모를 세세하게 잘 안다. 그는 자신이 뒤쫓는 동물의 경
로를 드러내는 땅과 식생의 모든 미묘한 변화들을 예리하
게 주시한다. 그는 멀리서부터 표적을 향해 한 발 한 발 조
심스럽게 내디디면서 슬금슬금 다가갈 준비가 되어 있어
야 한다. 말 그대로 생사를 가르는 상황이다. 아니면 몇 시
간 동안 가만히 매복하고 기다릴 수도 있다. 사냥감을 잡으
려면, 사냥감이 어떤 행동을 할지를 알아야 한다. 사냥감이

자신을 알아차렸을 때 어떤 방향으로 언제 달아날 준비를 하는지를 말이다. 노련한 사냥꾼은 사냥감처럼 움벨트를 지각할 때 최고의 실력을 발휘한다. 그 순간에 의식이 더 높은 차원으로 고양되는 영적인 경험을 하는 이들도 있다.

칼 프랑수아 폰 에센(Carl François von Essen, 1926년~)은 『사냥꾼의 황홀경(*The Hunter's Trance*)』(2007년)에서 어느 날 콜로라도 고지대에서 와피티사슴 무리에게 몰래 다가갔던 사냥꾼의 말을 인용한다.

수컷 한 마리를 포함해 사슴 몇 마리가 조금 전에 지나갔음을 보여 주는 흔적과 마주쳤다. 그날 아침은 맑고 화창했으며, 얼굴에 약하게 와 닿는 바람을 맞으면서, 사냥감에 꽤 가까이 다가가고 있다고 확신했다. 1시간쯤 신중하게 천천히 추적하니, 폭이 50미터쯤 되는 길쭉한 빈터가 나왔다. 사슴이 근처에 있다면, 내가 눈으로 덮인 질척거리는 초원을 지나는 모습을 보았을 것이다. 그래서 나는 전혀 꼼짝하지 않은 채 서서 반대편 언덕에 온통 주의를 기울였다. 그들이 있다는 것이 느껴졌고, 그들도 내 존재를 느끼고 있다는 것을 알았다. 거기에 서 있자니, 시간이 흐르는 느낌이 확연히 달라졌다. 고작 몇 분이 흐른 듯했는데 나중에 보니 1시간 넘게 흐른 상태였다. 눈앞의 풍경 전체가 선명하게 와 닿는 강렬한 느낌을 받았다. 내 모든 감각이 날카로운 칼날처럼 예리해진 듯했다. 마치 천체의 소리 증폭기로 확대한 듯이, 멀리서 흐르는 개울과 바스락거리는 낙엽의 가장 희미한 소리까지도 들렸다. 모든 것이 내게 더 가까이 다가와 있는 듯했고, 놀랍게도 내 자신이 모든 것과 융합된, 일종의 소속감을 느꼈다. 나는 그 전경 속의 모든 것들과 연결되었다. 풀, 나무, 바위, 곤충, 새, 보이지 않는 곳에서 언덕을 소리 없이 오르고 있음을 알고 있는 사슴들과. 엄청난 감정이 쇄도하는 것이 느껴졌다. 살아 있다는 기쁨, 다른 모든 것들과 함께 존재할 기회를 얻었다는 기쁨이었다. 그날의 경험은 내 평생 잊지 못할 것이다.

윈체스터 총이나 쓰러진 사냥감을 밟고 피의 제의를 벌이고 싶은 욕망이 없이도 얼마든지 사냥꾼의 황홀경을 경험할 수 있다. 자연사 학자로서 나도 그런 경험을 맛보았다. 그러나 자연사 학자에게는 참선할 때의 총체적인 자각 상태보다 더 중요한 것이 있는데, 추적자가 한 생태계의 방대함 속에 숨겨진 수천 가지 요소 중에서 하나를 찾을 수 있게 해 줄 탐색 이미지, 즉 어떤 식물이나 동물 종의 형질 조합이다. 나는 자연사 학자로서 희귀하고 거의 알려지지 않은 종을 사냥할 때 느끼는 그 기쁨을 표현할 말을 지금까지도 찾지 못하고 있다. 그러나 두 편의 이야기를 들려줄 수는 있다.

자연사 학자의 탐색 엔진의 힘을 보여 주는 내 최고의 경험 중 하나는 아주 희귀하면서 눈에 잘 안 띄는 곤충 집단인 민벌레를 발견한 일이었다. 앨라배마 대학교 1학년 생 때 어느 이른 봄날에 나는 새롭고 특이한 종류의 개미가 있는지 찾으러 인근 허리케인 크릭을 따라 침엽수와 활엽수가 섞인 숲의 길을 따라가고 있었다. 그러다가 썩어 가고 있는 소나무 줄기에서 나무껍질을 뜯어냈다. 그 안에는 딱정벌레 애벌레가 파놓은 특유의 잔해들이 벽에 붙어 있는 빈 공간들이 있었다. 이런 곳은 거의 눈에 띄지 않는 작은 개미를 비롯한 은밀한 거주자들이 좋아하는 둥지 자리다. 내가 고른 줄기 속에서 몇 종류가 있었다. 내가 껍질을 벗기자 녀석들은 살기 위해 남아 있는 껍질 속으로, 더 컴컴한 은신처로 바쁘게 달아나기 시작했다. 전갈처럼 생긴 단미류, 톡토기, 은기문진드기류, 별 특징 없는 작은 딱정벌레류가 엉성하게 뒤섞여 있었다. 그런데 이 축소판 동굴에 있는 무언가가 유달리 내 시선을 사로잡았다. 흰개미와 어딘가 좀 비슷해 보이는 작은 곤충이 몇 마리 있었다. 흰개미와 비슷하게 하얗고 길었지만, 몸집이 더 작고 더 섬세했고, 더 빠르고 더 별나게 구석 은신처를 향해 움직였다.

나는 몇 마리를 산 채로 채집해 앨라배마 대학교 조사

이어 노트 홀에 있는 내 실험대로 가져와서 현미경으로 살펴보았다. 녀석들은 민벌레속(*Zorotypus*)의 종임이 곧 드러났다. 해부 구조가 독특해 동물 분류 체계에서 모든 파리(파리목), 모든 딱정벌레(딱정벌레목), 모든 나방과 나비(나비목)와 동급에 놓이는 민벌레목이라는 별도의 목을 이루는 곤충이었다.

또 1918년에야 처음 발견된 가장 희귀한 부류의 곤충이라는 것도 알았다. 발견 이래로 민벌레류는 '천사 곤충'이라는 별명을 얻었다. 그들은 그런 이름을 얻을 자격이 충분하다. 그들은 날카로운 턱을 지닌 포식자들에게 에워싸인 채, 우리가 갓 딴 버섯을 먹듯이 곰팡이 포자를 먹으며 살아가는 완전히 무해한, 하얗고 순수한 모습으로 달려나가는 새끼 양 같다. (*zor*는 '순수한'이라는 뜻의 그리스 말이다.)

그때 민벌레가 그토록 오랫동안 숨어 지낼 수 있었던 한 가지 이유가 그들이 내가 운 좋게 발견했던 바로 그 특수한 미소 환경에서만 살아가도록 분화했기 때문이 아닐까 하는 생각이 떠올랐다. 그 추측은 옳았음이 드러났다. 나는 곧 정확히 알맞은 수준까지 썩은 소나무 줄기를 뜯어서 내 작은 천사 곤충들을 쉽게 찾아내기 시작했다. 썩어 가는 통나무는 내가 어디를 보든 간에 떠오르는 민벌레 탐사 이미지임이 드러났다. 곧 나는 첫 논문 중 하나인 「앨라배마의 민벌레목(The Zoraptera of Alabama)」을 발표했다. 그 논문은 꽤 읽혔다. 곧 다른 곤충학자들이 아메리카 동부의 많은 지역을 훑으면서 일종의 민벌레 찾기 경쟁에 돌입했기 때문이다. 내가 다른 곳에서도 민벌레를 찾아냈을까? 그렇다! 나중에 하버드에서 박사 후 연구원으로 있을 때, 나는 우연히도 남태평양의 뉴칼레도니아와 뉴기니에서 최초로 민벌레를 찾아냈다. 중앙아메리카에서 민벌레 종을 찾은 이들도 있었다. 나중에 내 대학원생이었던 최재천은 파나마에 사는 민벌레의 한살이를 주제로 박사 논문을 썼다.

별난 종은 때로 꼼꼼한 탐사를 통해 발견되기도 하고, 무심한 눈 동작에 걸려 우연히 발견되기도 한다. 1955년에 나는 생물학적으로 탐사가 거의 이루어지지 않은 뉴기니의 한 지역에서 노련한 사냥꾼들인 그 지역 파푸아 인들과 함께 돌아다녔다. 우리는 휴온 반도에서 출발해 길이 없는 숲을 헤치고 해발 약 3,700미터의 사루와게드 산맥의 중앙을 향해 올라가고 있었다. 5일 뒤 우리는 정상에 올랐다. 야자처럼 생긴 석송들이 군데군데 서 있는 비 오는 추운 풀밭이 펼쳐져 있었다. 당시 나는 내가 사루와게드 산맥의 그 지역을 탐사한 최초의 외지인이라고 생각했지만, 나중에 매우 강인한 미국 식물학자 메리 스트롱 클레멘츠(Mary Strong Clemens, 1873~1968년)가 1930년대에 이미 탐사를 했음을 알았다. (그녀는 선구적인 여성들의 만신전에서 한 자리를 차지할 자격이 충분하다.)

당시 나는 과학자들이 거의 찾은 적이 없는 산꼭대기 생태계를 보면서 느끼는 전율과 별개로, 전 세계에서 연구 표본을 모으는 하버드를 위해 개미를 채집한다는 목표를 갖고 있었다. 나는 흥미로울 만한 다른 표본들도 찾아보았다. (그리고 새로운 개구리 종도 하나 잡았다.) 더 높은 식생대로 올라갈수록 내가 발견하는 개미들은 종이 달라졌다. 고도가 높아질수록 개미는 점점 더 드물어지다가 해발 약 2,300미터를 넘어서자, 전혀 보이지 않았다.

내가 저지대 산림으로 들어가면서 채집한 몇 안 되는 개미 중에 숲 바닥에 자라는 관목의 잎을 느릿느릿 걸어가는 별난 해부 구조를 지닌 것이 있었다. 그런데 숲 바닥과 주변 식생을 샅샅이 훑었지만, 군락의 집이나 다른 개체를 도저히 찾을 수가 없었다.

60년이 지난 지금 나는, 편견을 갖고 있음을 인정하면서, 그 개미를 세상에서 가장 아름다운 동물 중 하나라고 꼽을 준비가 되어 있다. 표본의 크기가 아주 작기 때문에 이 판단에 코웃음을 칠지도 모르겠지만, 먼저 5밀리그램인 그 몸무게가 5킬로그램으로 증가한다고 상상해 보자. 커다란 새나 중간 크기의 포유동물만 한 몸무게다. 세상 어디에서도 그런 동물은 찾아보기 어려우며, 내 평생 본 수많은 동물 가운데 산 속의 이 작은 개미와 견줄 만한 것은 거의 없다.

이 개미의 몸을 뒤덮인 키틴질 갑옷은 반들거리는 흑갈색이며, 빛나게 잘 닦인 색깔 있는 금속 같은 느낌을 준다. 눈 가장자리부터 턱의 이음매까지 고랑이 나란히 뻗어 있는데, 마치 바늘처럼 날카로운 이빨들이 뒤쪽으로 죽 뻗어 있는 듯하다. 가장 검은 몸통에서부터 더듬이와 다리로 갈수록 서서히 색조가 바뀌면서 적갈색으로 빛난다. 이 개미는 모든 일개미가 그렇듯이 암컷이며, 틀림없이 사나운 전사이기도 했을 것이다. 이 개미가 어떤 적과 마주치고 어떤 먹이를 사냥했을지 나는 알지 못하지만, 갑옷이 너무나 경외감을 불러일으키므로 너무나도 알고 싶다. 이 개미의 놀라운 특징 중 하나는 가슴마디의 뒤쪽에서 마치 숫양의 뿔처럼 뒤쪽 위로 굽은 커다란 가시가 한 쌍 튀어나와 있다는 것이다. 가느다란 허리를 보호하기 위한 것임이 분명하다. 또 장미 덤불에 난 것과 비슷한 더 짧은 가시 한 쌍이 마찬가지로 취약한 목을 보호한다. 또 허리의 첫 번째 마디 뒤쪽에서 가시 2개가 더 나와서 관절을 지나 두 번째 마디까지 뻗어 있다.

이 종의 첫 표본은 1915년 독일 곤충학자가 기재했다.

그는 로르도미르마 루피카프라(*Lordomyrma rupicapra*)라는 학명을 붙였다. 학명의 앞부분인 속명에는 '개미'라는 그리스 말이 들어 있다. 뒷부분인 종명 루피카프라는 알프스산양(*Rupicapra rupicapra*)의 이름을 딴 것이다. 위에서 보면 가슴마디의 윤곽과 모습이 산양의 머리와 비슷하기 때문이다.

100여 년 전에 이루어진 이 발견은 유럽 자연사 학계의 고색창연한 방식으로 탐사대가 이 지역을 탐사할 때 이루어진 아주 사소한 한 가지 사건에 불과했다. 뉴기니의 동식물상이 훨씬 덜 알려진 시기였다. 그 표본이 채집된 지역의 개미를 연구하고 있는 전문가인 로버트 테일러(Robert W. Taylor)는 그 기록 및 그에 못지않게 중요한 탐사 정신을 잘 포착했다. 그 설명은 자연사 탐사에서 최고의 것에 속하며, 전문을 인용할 가치가 있다.

L. 루피카프라 정기준 표본은 높은 고도에서, 아마도 운무림이 있는 곳에서 채집되었을 가능성이 매우 높다. 채집자인 S. G. 뷔르거스(S. G. Bürgers)는 탁월했던 독일 카이제린아우구스타플루스 탐사대(Kaiserin-Augusta-Fluss Expedition, 1912~1913년)의 의료 담당자이자 동물학자였다. 그 탐사대는 세픽 강의 유역과 수원을 19개월 동안 탐사했다. 탐사대는 증기선으로 갈 수 있는 물을 거슬러서 약 900킬로미터까지 올라가면

서 탐사를 했다. 상류에서는 육로로 움직여서 평균 3개월씩 걸려서 수원지 네 곳을 돌아다녔다. 예전의 카이저빌헬름란트/네덜란드령 뉴기니(지금의 파푸아뉴기니와 인도네시아령 서파푸아) 국경 너머 서쪽으로 뻗는 세픽 강 지류들은 모두 수원까지 탐사했고, 베와니 산맥과 토리첼리 산맥(북쪽)과 중앙산계(남쪽)은 통과했다. (Sauer, 1915; Behrmann, 1917, 1922) 지리학자 발터 베르만(Walter Behrmann, 1882~1955년)의 기록에는 "2,000미터 높이의 축축하고 추운 봉우리"에서 표본을 채집했고 "2,000미터의 샤라더 산맥(남위 4도 59분, 동경 144도 05분)"을 넘었다는 내용이 있다. 네덜란드 국립 표본관 표본들에서 탐사대의 식물학자 카를 루트비히 레데르만(Carl Ludwig Ledermann, 1875~1958년)이 기록한 채집 장소들을 보면, 로트베르크 산(남위 4도50분, 동경 142도 29분)의 해발 1,000미터를 넘는 4곳과 1,000미터 지점, 훈트스타인 산(남위 4도 29분, 동경 142도 42분)의 1,350미터 지점(정상에서 17일을 보낸 곳), "홀룽베르크의 1,800~2,000미터"다. 인용된 좌표는 탐사대의 야영지다.

이 종의 발견을 설명한 글이 과학과 인문학 양쪽에 전속된 두 원형을 결합한 것이 아니었다면, 이 발견 이야기를 여기에서 언급하지 않고 넘어갔을지도 모르겠다. 나는 지리적 탐사와 과학적 발견의 매력에 혹해서 뉴기니로 갔는데, 지구의 남아 있는 야생 세계도 여전히 같은 매력을 발휘할 수 있다. 살아 있는 자연 세계에 더 깊이 주의를 기울이라고 호소하는 그런 매력에 넘어가면, 창작 예술을 불러낼 수밖에 없다.

같은 맥락에서, 나는 1952년에 블라디미르 나보코프를 만났던 일화로 사냥꾼의 정신에 관한 이야기를 마감하려고 한다. 나보코프는 자연사 쪽으로 내 마음의 동료였다. 당시 나는 23세의 대학원생이었고, 하버드 비교 동물학 박물관에서 박사 논문을 쓰고 있었다. 나보코프는 53세였고 영어로 작품을 쓰는 소설가로서 명성을 떨치기 전이었다. 나는 그를 나비학자로만 알고 있었다. 그는 부전나빗과를 이루는 작고 아름다운 파란색 곤충을 주로 연구했다. 앞서 나보코프는 하버드의 나비 표본들을 연구하는 일을 맡은 바 있었고, 그가 채집한 표본들은 현재 곤충학자들만이 아니라 문학사 학자들 사이에서도 유명해져 있다. 나는 그의 문학적 재능을 전혀 모른 채, 나비를 비롯한 곤충들에 관한 지식을 넓히기 위해서 그를 찾았다. 박물관을 찾은 모든 곤충학자가 그러했듯이 말이다.

나보코프는 나비 채집을 하면서 겪은 유쾌한 반전이 있는 일화를 들려주었다. 그는 어느 배의 선장을 만났는데,

최근에 케르겔렌 제도를 다녀온 사람이었다. 케르겔렌 제도는 남극 대륙 가까이에 있는데, 들르는 사람이 거의 없었고, 자연사도 아직 거의 알려지지 않은 곳이었다. 나보코프는 그런 오지 환경이 있다는 사실에 흥분했다. "나비가 있었나요?" 그가 묻자, 선장이 대답했다. "아뇨. 전혀요. 저 작은 파란 것들만 한 무더기 있더군요."

케르겔렌 제도라니! 우리는 발견을 기다리고 있는 미지의 종들이 있을 그런 곳들을 상상하면서 열광했다. 다음 해에 원하는 곳 어디로든 가서 원하는 연구를 해도 좋다는(서약서에 적은 대로 "특별한 무언가"를 이루기만 한다면) 3년짜리 연구비를 받은 나는 미지의 개미 종을 찾아서 전 세계를 돌아다녔다. 쿠바의 산림, 멕시코의 화산 위쪽 비탈, 뉴칼레도니아와 바누아투 같은 남태평양 군도들의 우림, 뉴기니의 사루와게드 산맥을 비롯한 여러 지역, 그리고 대체로 탐사가 안 된 오스트레일리아 눌라바 평원의 서쪽 가장자리를 조사했다. 들르는 곳마다 나는 별난 종이 있는지 신이 나서 찾아나섰다. 그러니 내가 자연사 모험담에서도 그런 것을 찾으려 안달하는 것도 당연하지 않겠는가?

그래서 나는 로키 산맥의 사슴 사냥꾼과 오래전에 만난 나비 학자의 심정을 아주 잘 이해한다. 나보코프는 나중에 자신의 관점을 이렇게 표현했다. "희귀한 나비들과 그들의 먹이 식물들의 한가운데에 서 있을 때, 나는 시간의 흐름을 잊은 채 지고한 기쁨에 잠긴다."

그것이 바로 황홀경이며, 그 황홀경의 뒤에는 설명하기 어려운 다른 무언가가 있다. 내가 사랑하는 모든 것을 빨아들이는 일시적인 진공 청소기 같다. 태양 및 돌과 하나가 되는 느낌이다. 관련이 있을 만한 이에게 감사하는 마음이 불끈 치솟는다. 인간의 운명을 관장하는 대위법의 천재나 운 좋은 필멸자의 분위기를 맞추어 주는 부드러운 유령들에게든지.

나는 2016년 허드 섬으로 떠나는 탐사대의 명예 수석 과학자(내가 없는 자리에서 나이 때문에 뽑혔다.)가 되어 달라는 요청을 받았을 때, 잠깐이기는 하지만 같은 감정을 다시금 온전히 느꼈다. 남극 대륙 가까이에 있는 섬인 이곳은 케르겔렌 제도보다 더욱 외지고 더 바위투성이이며 활화산이 자리하고 있다. 나는 탐사대장인 로버트 윌리엄 슈미더(Robert William Schmieder, 1941년~)에게 대단한 영예라고 편지를 썼다. 하지만 탐사대가 개미도 조사한다면, 받아들이겠다고 덧붙였다. "한 마리도 찾지 못할 겁니다. 너무 습하고 추운 곳이니까요. 그래도 교수님이 찾아보았다는 말만 들어도 저는 기분이 좋아질 겁니다."

15
정원

유럽과 아시아 구석기 시대 스텝 지역에서 3만 5000여
년 전에 현생 인류의 조상과 자매 종인 네안데르탈인은 죽
은 이를 매장함으로써 현대 고고학자들에게 보물을 남겼
다. 고대인들은 그 얕은 무덤 안에 종종 죽은 이가 지녔던
가재 도구와 상체 장신구를 함께 묻었다. 지금까지 1,000년
당 겨우 3기꼴로 발견된 매우 희귀한 무덤들에는 묻힌 이의
지위가 높았음을 시사하는 정교한 장신구들이 들어 있었다.

농경, 잉여 농산물 저장, 정착촌이 특징인 신석기 시대
의 여명기에 애도자들은 무덤 안에 꽃을 깔기 시작했다. 그
런 무덤 중 가장 오래된 것은 이스라엘 북부 카멜 산의 라
케페트 동굴의 네 곳에서 발굴된 1만 3700년 전 무덤이다.

꽃과 정원이 현대에 들어서 그렇게 높이 평가되는 데는 논리적 이유가 하나 있다. 시인이자 자연사 학자인 다이앤 애커먼(Diane Ackerman, 1948년~)은 그 이유를 거의 완벽하게 표현했다.

꽃의 향기는 꽃꿀이 배어 나오는 그 생식 기관으로 자신이 번식력이 있고 이용 가능하며 바람직하다고 세상에 선언한다. 그 향기는 우리에게 젊음의 활력, 생식력, 생명력, 한몸에 받는 온갖 기대, 열정을 흔적 형태로 떠올리게 한다. 우리는 그 열렬한 방향(芳香)을 들이마시며, 나이에 상관없이 욕망으로 타오르는 세계에서 젊음과 그 매력을 느낀다.

꽃은 우리의 문학, 패션, 종교 행사를 우아하게 장식한다. 우리가 통과 의례를 거쳤음을 선언하고 축하받을 일이 있음을 알린다. 정장에 꽂는 꽃 장식인 부토니에르(boutonnière)와 화환을 만들어서 그날의 의미, 목적, 행위를 광고한다.

꽃의 아름다움과 향기는 인간의 기쁨을 위해 출현한 것이 아니다. 속씨식물(전 세계에 37만 종이 넘는 꽃식물이 있다.)이 꽃을 피우는 목적은 오로지 성적인 것이다. 꽃은 꽃가루 매개자를 꾀는 역할을 한다. 매개자는 대부분 곤충이지만, 다양한 새와 심지어 소수의 포유동물도 특정 식물 종의 꽃가루 매개자가 된다. 양쪽은 공생, 더 정확히 말하면 '상리 공생' 관계에 있다. 즉 그 관계를 맺고 있는 양쪽 다 혜택을 입는다.

서로 다른 종들이 공생을 이루기 위해 쓰는 전략들은 마치 인간의 예술적 자아를 즐겁게 하기 위해 진화한 듯하다. 주로 열대의 착생식물인 석곡속(*Dendrobium*)의 난초는 좁은 잎들 사이에서 고운 분홍색의 꽃을 한 무더기 내민다. 시클라멘 속(*Cyclamen*) 꽃 식물은 하얀색 무늬가 나 있는 초록색의 넓은 잎들의 한가운데에서 그 무대의 진정한 주역 배우인 양, 뚜렷한 형태가 없어 보이는 붉거나 하얀 꽃들을 내민다. 인간의 그 어떤 미술 작품보다도 선명한 색깔을 띠는 콜룸네아(columnea)의 경우에는 초라한 작은 잎들 사이로 기어 나오는 덩굴에서 관 모양의 붉은 꽃들이 달린다.

이들을 비롯한 무수한 식물들은 눈에 잘 띄도록 신체 부위들을 배치한다. 색각을 지닌 주행성(晝行性) 동물들을 협력자로 삼기 위해서다. 그 관계는 동등한 수준으로 반대 방향으로도 진화를 이끌었다. 일부 동물은 식물이 제공하는 꽃가루와 꽃꿀을 거두기 위해서 자연 선택을 통해 색각을 진화시켰다. 식물과 동물이라는 서로 다른 두 협력자는 동등한 협력자로서 공진화해 왔다.

인류는 전 세계에서 나타나는 이 공생을 더욱 발전

시켜서 꽃을 토대로 한 새로운 예술 형식을 창안했다. 꽃 꽂이는 한결같이 화려한 기나긴 역사를 지닌다. 한 예로 1640~1645년 스페인 화가 프란시스코 데 주바란(Francisco de Zubarán, 1598~1664년)이 성 프란체스코를 상상해 그린 초상화에는 그 성인의 예복이 위를 향한 얼굴의 피부색을 반영하면서 주변에 성기게 배열된 거무스름한 백합들로부터 나오는 듯이 묘사되어 있다. 그 바깥을 야자 잎들이 예복의 각도에 맞추어서 배열되면서 에워싸고 있다.

전혀 다른 분위기를 추구하는 장 오노레 프라고나르 (Jean HonoréFragonard, 1732~1806년)의 초상화 「마리마들렌 기마르의 초상(Mademoiselle Marie-Madeleine)」은 절대 왕정 체제의 부절제한 모습을 고스란히 표현한다. 당시 기준으로 볼 때 프랑스에서 가장 아름다운 여성에 속했을 것이라고 판단되는 이 유명한 가수이자 무용가는 자신이 좋아하는 장미 꽃줄을 머리에서 양팔까지 늘어뜨리고 있고, 그런 모습을 다른 장미들이 휘감고 있다. 장미가 새겨진 액자다. 한마디로 기마르는 꽃이 된다.

폴 맨십(Paul Manship, 1885~1966년)의 걸작 「시간의 분위기: 아침(The Moods of Time: Morning)」(1935년)은 이 두 고전적인 사례와 근본적으로 다르다. 많은 식물 종의 봉오리에 밀려서 누운 채 깨어나는 사람을 담은 조각이다. 위쪽에 뭉쳐진 봉오리들은 백합과 극락조화 쪽으로 밀어 올리고 있다. 미술 평론가 빅토리아 제인 림(Victoria Jane Ream)은 마지막 꽃다발이 사람이 완전히 깨어남을 나타내는 "색깔과 형상의 폭발로 끝나는 더 열려 있고 더 강렬한" 것이라고 했다.

한편 문명이 시작된 이래로 꽃과 열매는 조각상과 함께 우아하게 정원을 장식해 왔다. 정원은 전반적으로 농경의 주요 수단이었고, 농경은 인류가 구석기 시대에 수렵과 채집을 하던 무리에서 문명 사회로 진화하는 데 사용한 수단이었다. 농경은 전 세계에서 여러 차례 독립적으로 발명되었고, 1만 2000년 전 중동에서, 5,000년 전 신대륙에서 다양한 시기에 오스트레일리아를 제외하고 사람이 사는 모든 대륙에서 생겨났다. 아마 두 가지 방법 중 하나를 통해서 기원했을 것이다. 첫 번째는 먹을 수 있는 씨와 열매에서 식물이 자라서 먹을 수 있는 씨와 열매가 더 많이 맺히는 것을 직접 지켜봄으로써였다. 두 번째는 인류 무리가 유달리 생산성이 뛰어난 나무, 관목, 초본 가까이에 정착해, 다른 식물들을 싹 제거하는 경향을 보이면서였을 것이다. 논리적으로 그로부터 가장 생산적인 식물을 골라서 기르는 행위, 즉 농경이 따라 나왔을 것이다.

정원은 그것이 대변하고 있는 자연 세계와 마찬가지로, 회복과 치료 효과를 일으킨다. 어느 누구든 언제나 그 힘을 느끼고 있으며, 과학자들은 실험을 통해 정원이 건강에 유익한 효과를 제공한다는 것을 입증했다. 실험 대상자들에게 스트레스를 일으키는 영화를 보여 준 뒤, 자연 환경이나 도시 환경을 찍은 동영상을 틀어 준 실험이 한 예다. 실험 대상자들의 심박수, 스트레스, 수축기 혈압, 얼굴 근육의 긴장도, 전기 피부 전도도를 측정했더니, 나중에 자연을 찍은 영상을 본 이들은 스트레스가 줄어든 것으로 나타났다. 도시 경관을 찍은 영상을 본 이들은 그렇지 않았다. 다른 실험들에서도 예상한 대로, 수술이나 치과 치료를 받기 전에 식물이나 수족관 풍경을 접하면 마찬가지로 스트레스 증상이 완화된다는 것이 드러났다. 게다가 수술 뒤에 환자에게 자연 환경을 내다볼 수 있도록 하거나 그냥 병실 벽을 자연 경관을 찍은 사진으로 뒤덮기만 해도, 회복 속도가 더 빨라지고 합병증도 적어지며 진통제 투여량도 줄어드는 것으로 나타났다.

부가 축적되고 사회 계급이 출현함에 따라서, 지배자들과 부자들은 과시하고 즐기기 위해 정원을 꾸미기 시작했다. 프랑스, 스페인, 일본, 스리랑카 등 세계 각국에서 나중에 이런 정원들은 일반 대중에게 개방되었다. 지금은 대부분 사회가 모든 사회 계층의 사람들이 즐길 수 있도록 공공 정원을 조성하고 있다.

북아메리카와 유럽 대부분 지역에서 주택 소유자들은 자연을 흉내 내어 마당을 가꾼다. 대개는 잔디밭과 조경용 나무와 관목을 심는다. 그러나 이렇게 자연이 주는 혜택을 부정하지 못하면서도, 경관 개발업자들은 뜻하지 않게 자기 자신과 고객이 본능적으로 사랑하는 더 큰 환경에 해를 끼치는 실수를 두 가지 으레 저지른다. 첫째는 잔디밭에 강박적으로 집착한다는 것이다. 사람들은 탁 트인 공간을 좋아하며, 아프리카의 사바나에서 인류가 출현한 이래로 죽 그래 왔을 가능성이 높다. 그러나 잔디밭은 헐벗은 콘크리트 다음으로 세계에서 가장 나쁜 환경에 속한다. 모든 잔디밭은 (영웅적으로 침입하는 민들레를 제외할 경우) 외래종을 단일 재배하는 공간이다. 잔디는 물을 아주 많이 주어야 하고 정기적으로 비료, 유독한 제초제, 살충제도 뿌려야 하는 식물이다. 게다가 지나치게 많이 뿌려지는 그 화학 물질들은 결국 지하수와 하천으로 흘러든다.

　　마찬가지로 걱정스러운 것은 대부분의 경관 계획자가 지리적인 기원에는 거의 또는 전혀 관심을 두지 않고, 그저 자신이 보기에 아름답다고 여기는 조경용 나무와 관목을 고른다는 사실이다. 그렇게 고유종이 아니라 외래종을 선택한 탓에 환경에 심각한 결과가 미치곤 한다. 가장 중요한 점은 토착 식물이 먹여 살리는 곤충들이 훨씬 더 많다는 것이다. 야생 생물 생태학자 더글러스 탤러미(Douglas W. Tallamy)는 펜실베이니아에서 토착 목본 식물이 외래종 나무에 비해 생물량을 기준으로 4배나 더 많은 곤충을 부양한다는 것을 밝혀냈다. 탤러미는 토착 곤충의 구기가 외래 식물을 씹어 먹는 능력이 떨어지기 때문에 이런 차이가 나타난다고 보았다. 즉 자신들이 본래 먹도록 진화한 식물에 비해 적응이 덜 된 탓이다. 나비와 나방의 애벌레만 따지면, 토착종이 외래종보다 부양하는 생물량이 35배나 많았다.

곤충이 더 많이 우글거리는 나무와 덤불을 고른다는 것이 경관 계획 측면에서는 맞지 않는 양 여겨질지도 모르지만, 사실은 그렇지 않다. 곤충, 특히 모충은 명금류가 새끼에게 주는 주된 먹이다. 토착 목본 식물은 더 많은 새를 부양하며, 따라서 1년 내내 더 풍부한 생태계를 유지한다. 건강한 조류 집단은 매미나방과 서울호리비단벌레 같은 해충들의 증식을 억제하는 역할을 한다. 게다가 토착 조류 집단을 지속 가능한 수준으로 유지함으로써, 가장 희귀한 조류종의 멸종 위험도 줄일 수 있다. 외래종 식물을 그것에 못지않게 아름답고 모든 면에서 더 흥미로운 토착종으로 대체한다면, 환경에도 더 좋을 뿐 아니라 적은 비용으로도 더 큰 효과를 볼 수 있다. 그 지역에 맞는 최고의 맞춤 보전 방식이다.

인문학 연구와 과학 연구 양쪽으로부터 탄탄하게 지지를 받고 있는 본능인 바이오필리아를 통해 우리는 지구의 다른 생물들에게 이끌리며, 그들을 접하면서 깊은 만족감을 얻는다. 이 본능이 진화적으로 어떻게 기원했고 신경생물학적으로 어떤 영향을 미쳤는지를 우리는 이제야 겨우 이해하기 시작했지만, 바이오필리아 설계는 건축에 새로운 바람을 불어넣고 있다. 잘 알려진 모범 사례는 프랭크 로이드 라이트(Frank Lloyd Wright, 1867~1959년)의 폴링워터(Fallingwater)다. 이 집은 숲 한가운데에서 폭포 위에 가로놓여 있다. 폭포 아래쪽을 향해 툭 튀어나온 바위 선반을 떠올리게 하는 외팔보로 된 이층집으로서, 집안에서 물이 떨어지는 소리를 들을 수 있다. 1937년에 지어진 이래로, 지금까지 자연과 조화를 이루고자 하는 인류의 이상을 표현한 역사적 건축물로 남아 있다.

미코 헤이키넌(Mikko Heikkinen, 1949년~)과 마르쿠 코모넌(Markku Komonen, 1945년~)이 설계한 미국 수도 워싱턴 D.C.에 있는 핀란드 대사관 건물도 바이오필리아의 걸작이다. 설계와 에너지 효율 측면에서 여러 큰 상을 받기도 했다. 실내는 모든 방향에서 들여다보이게 함으로써 온종일 햇빛이 들어온다. 내가 볼 때 이 건물의 가장 두드러진 특징은 배치다. 바짝 깎은 잔디밭이 아니라, 록 크릭 공원의 잘 우거진 숲 가장자리에 자리하고 있다는 점이다. 핀란드 홀의 절반은 유리벽으로 되어 있는데, 벽에서 겨우 1미터쯤 너머가 바로 숲속이다.

현재 인구 예측이 들어맞고 지구가 운이 좋다면, 21세기 말에는 인구가 100억~120억 명에서 정점에 이를 것이다. 지금 인구보다 50퍼센트 정도 더 많은 수준이다. 그 인구의 대다수는 도시에 살고 있을 것이다. 포유동물 생물량이 비정상적으로 높고 빽빽한 그 도시는 어떤 모습일까? 주민들의 모든 필요와 욕구를 충족시키는 한편으로(아프리카 흰개미 언덕에 사는 흰개미들과 흡사하게), 모든 디스토피아 미래상에 들어맞는 기후 조절이 이루어지는 고층 건물들이 빼곡히 들어찬 일종의 돌로 된 산맥이 될까? 아니면 고대로부터 물려받은 유전적 유산을 주민들이 더 가까이에서 접할 수 있도록 도시 계획자들이 자연을 도입한 것이 될까? 그들은 우리를 온전히 인간다운 존재로 남아 있도록 할 수 있을까?

나는 『지구의 절반(*Half-Earth*)』에서 자연을 들여오는 방법을 하나 제시한 바 있다. 집에 벽만 한 텔레비전 화면을 설치해, 아직도 잘 남아 있는 야생의 모습을 실시간으로 보여 주는 것이다. 나라면 개인적으로 세렝게티의 물웅덩이, 아마존 우림의 수관, 인도네시아 산호초, 인식표를 단 백상

아리가 태평양 연안을 따라 나아가는 모습, 옐로스톤 온천 (많은 전문가가 지구 최초의 생태계 중 하나의 흔적이라고 여기는 곳)의 미세한 세균과 조류로 이루어진 '숲'을 택할 것이다.

티모시 비틀리(Timothy Beatley)가 『바이오필리아 도시: 도시 설계와 계획에 자연을 통합하기(*Biophilic Cities: Integrating Nature into Urban Design and Planning*)』(2011년)에서 주장했고, 비슷한 견해를 지닌 도시 건축가들도 주장한 바 있듯이, 자연 세계의 일부를 도시에 들여오는 일이 이제는 그리 어렵지 않을 것이다. 기존 공원과 계획 중인 공원들은 풍부한 토착 생물 다양성을 유지하는 씨앗이 될 수 있다. 우리는 이미 본능과 기회를 활용해 대변신을 이룰 준비를 해 왔다. 빈터, 건물 사이의 자투리 공간, 강가의 버려진 땅은 자연의 동식물상을 재생해 휴양과 교육을 위한 공간으로 쓸 수 있다. 시카고 야생 회복(Chicago Wilderness) 사업이 한 예다. 정원과 관리되는 자연 생태계는 쓰지 않는 옥상과 지붕에도 조성할 수 있고, 덩굴과 자연 비탈의 식생을 이용해 고층 건물의 옆면도 꾸밀 수 있다. 일단 개인적으로 필요한 것들을 확보하고 나면, 주민들이 집 주변에서 날아다니는 나비, 초봄에 잇달아 피는 꽃, 작긴 하지만 아직 남아 있는 진정한 토착 숲의 상공을 나는 매의 짜릿한 모습을 즐길 수 있을 것이다. 이것을 실현 못 할 도시는 세상에 없다.

V

비유와 원형의 특성들을 더 자세히 살펴볼수록, 과학과 인문학이 융합될 수 있다는 사실이 더욱 명백해진다. 창설되는 새 분야들의 접경 지대에서는 철학을 다시 소생시키고 더 새롭고 더 항구적인 계몽 운동을 시작하는 것도 가능해야 한다.

「예부터 계신 이(The Ancient of Days)」, 윌리엄 블레이크, 1794년. 그가 애착을 보인
이 작품에는 제2의 계몽을 일으킨 신 유리젠(Urizen)의 모습이 담겨 있다.
블레이크는 유리젠이 악한 신이라고 생각했다. 인류에게 한 가지 사고 방식만을
강요하기 위해 과학을 창안했다는 이유에서다.

16
은유

그러나 보라, 아침 해가 희미하게 장밋빛 망토를 걸치고, 동
쪽 높은 언덕의 이슬을 밟고 오는구나.

『햄릿(*Hamlet*)』에서 호레이쇼는 마셀러스에게 "봐, 동이
트고 있어."라고 단순하게 외치면 충분할 자리에서, 이렇
게 말한다. 그러나 그렇기에 우리는 시를 사랑하고 위대한
시를 소중히 품는다. 시, 그리고 마찬가지로 많은 산문은
문학 평론가 아이버 암스트롱 리처즈(Ivor Armstrong Richards,
1893~1979년)가 "전이, 즉 정상적인 용법에서 새로운 용법으
로 단어의 이전"이라고 정의한 은유를 통해 구축된다.

애초에 임의의 의미를 부여하는 소리를 통해 사고를 표

현하는 것이라고 정의되는 언어의 발명은 유전적으로 기원했고 문화적으로 다듬어진, 인류 진화의 탁월한 성취다. 언어가 발명되지 않았다면, 우리는 동물로 남아 있었을 것이다. 은유가 없었다면, 우리는 지금도 야만인으로 남아 있을 것이다.

은유는 새로운 단어, 새로운 단어들의 조합, 단어의 새로운 의미를 창안하는 장치다. 추가된 시적인 내용은 언어에 감정을 투사한다. 감정의 재촉을 받아서 언어는 동기를 부여하고, 그리하여 문명을 추동한다. 문명이 더 발전할수록 은유는 더 정교해진다. 물리학과 공학의 용어에도 비유가 담긴다.

비교하는 두 가지가 본질적으로 일치함을 시사하는 잘 벼려진 어구가 바로 은유다. 윌리엄 버틀러 예이츠(William Butler Yeats, 1865~1939년)가 영국에 있는 리사델의 대저택에 사는 자매들을 뭐라고 하는지 보자.

장면이 그려져
젊음의 재잘거림과 대화가 떠올라,
비단 기모노를 입은 두 소녀가
둘 다 아름답지, 한 명은 가젤이야.

평론가 데니스 도노휴(Denis Donoghue, 1928년~)는 이 비유를 이렇게 말한다. "마치 둘 다 하나의 광원에서 나온 양, 소녀의 본성이 가젤의 본성으로 넘어간다. 그것이 바로 이름 짓기의 연원이다. 여기 또는 저기에서 한 속성을 흘깃 쳐다보는 것이 아니라, 온전한 본성을 인식하고 그 운명 지어진 이름을 붙이는 차원의 문제다."

은유는 유머에도 필수적이다. 내가 좋아하는 사례가 두 가지 있다. 하나는 주변 사람들에게 신경을 쓰지 않으면서 무모하면서 오만하게 행동하는 사람을 가리키는 "도자기 가게를 찾은 황소(A bull in search of a china shop)"이고, 또 하나는 나르시시스트를 가리키는 "자기 마음속의 전설(A legend in his own mind)"이다.

은유는 생생한 이미지를 찾도록 상상을 자유롭게 풀어 놓는다. 은유는 경계를 건너고, 미학적 놀람과 유머로 작은 충격을 전달하며, 그럼으로써 미묘하면서 새로운 관점을 성취한다. 그럼으로써 언어와 언어를 통해 파악한 개념을 무한히 확장할 수 있다. 그 결과 약 300년마다 2배씩 늘어나는 속도로, 기하급수적 성장이 이루어져 왔다. 제프리 초서(Geoffrey Chaucer, 1340~1400년)의 시대에 단어의 수는 약 7만 3000개였고, 셰익스피어의 시대에는 20만 8000개, 『옥스퍼드 영어 사전』에 따르면 지금은 46만 9000개로 늘어났다.

기술과 상업 분야의 전문 용어들까지 포함하면, 이번에는 더 짧은 기간에 걸쳐 다시금 2배로 쉽게 늘어날 수 있다.

기원을 보면 단어는 임의적이지만, 은유는 그렇지 않다. 오히려 은유는 인간의 선천적인 감정 반응이라는 범주에 들어가는 경향이 있다. 달리 말하면, 어느 정도는 본능의 제약을 받는다. 예를 들어, 동물을 토대로 한 은유 중에 여우(vulpine)는 영리하면서 은밀하고 이기적인 성격을 뜻하며, 돼지(porcine)는 살찌고 끈적거리고 단정하지 못하다는 의미를 지니며, 사자(leonine)는 힘과 용기와 위엄을 지님을 뜻한다. 뱀(serpentine)은 불쾌하고 유혹하고 사악함을 의미하지만, 일부 사회에서는 강력하고 유익하다는 뜻을 지닌다. 모든 문화는 물리적 특징도 은유로 쓴다. 예를 들어, 태양은 계몽과 지혜를 뜻하며, 얼음과 눈은 고요함이나 은거나 죽음을 의미한다. 바다는 방대함, 어머니, 탄생, 수수께끼를 뜻하곤 한다.

은유는 그것에 영감을 준 실체의 진정한 본성을 표현하려는 것이 아니다. 은유의 의미는 그 형질 중 몇 가지가 우리 인간 특유의 감각과 감정에 영향을 미치는 방식에서 나온다. 이런 관점에서 볼 때, 은유는 어느 정도는 본능적이고 어느 정도는 학습되고 어느 정도는 유전적이며 어느 정도는 문화적이다. 예측 가능한 은유들은 함께 엮여서 창작

예술의 원형을 자아낸다. 그런 원형은 이야기의 전형적인
줄거리와 인물 속에서 쉽게 찾아낼 수 있다. 부정확하며 진
부할 수도 있지만, 문학과 연극의 기본 요소다.

17
원형

은유가 언어의 구성 단위라면, 원형은 인간 감정의 공통 토대의 일부다. 보편적인 이야기와 이미지로 구성된 원형은 아리스토텔레스(Aristoteles, 기원전 384~322년)가 소포클레스(Sophocles, 기원전 496~406년)의 희곡 『오이디푸스 왕(Oedipus Rex)』에 등장하는 비극적인 주인공을 분석한 이래로, 서구 문화에서 인정을 받아 왔다. 원형은 문화적 진화의 어떤 우연한 사건에서 기원한 것이 아니다. 자연 선택을 통한 진화를 통해 획득한 본능적인 유전적 편향에 순종하는, 깊은 역사의 일부다. 그 궁극 원인 중 일부는 수십만 년 전, 인류가 아프리카에서 나와 거주 가능한 모든 지역으로 퍼지던 시대로 거슬러 올라간다. 수백만 년 전, 우리의 먼 동물 조상에게서 형성된 것도 있다.

유전적 본능에서 기원한 원형의 사례는 현생 인류가 뱀, 거미 같은 고대의 위험 요인들에 불합리하게 공포증을 습득하는 성향 속에서 찾을 수 있다. 또 사바나 가설이 말하는 이상적인 서식지, 즉 물가의 탁 트인 조금 높은 지형에서도 명백히 드러난다. 두 성향 모두 예증할 수 있는 유전적 토대를 지닌다. 다시 말해, 다른 모든 생물을 추동하는 본성에 새겨진 서식지 추구 충동에 상응하는 본능들이다.

문학과 극예술에서 서사가 자연적인 범주들로 묶이는 경향이 있다는 것은 이해가 간다. 그 성향은 영화에서도 뚜렷이 드러난다. 영화는 예술이고, 위대한 영화는 위대한 예술이다. 그 말이 매우 당연하다면, 어떤 영화가 가장 위대한가, 그리고 더 중요한 질문인 왜 그러한가 하고 묻는 것은 당연하다. 1999년 인류학자이자 영화 전문가인 리처드 매크래컨(Richard D. McCracken)은 미국 감독 조합의 회원들에게 역사상 가장 뛰어난 영화 10편을 뽑고 그 이유를 알려 달라는 설문 조사를 했다. 감독들에게 내용의 독창성, 배우의 연기, 주제 음악, 영상 측면에서 선택한 영화의 질을 평가해 달라고 요청했다. 나는 매크래컨의 분석을 토대로 아마추어적이지만 내 나름의 진정성 어린 견해를 몇 가지 덧붙여서, 그들이 다양하게 표현한 주요 원형들을 파악했다.

나는 추정할 때 그 원형들의 진화를 인도한 자연 선택의 힘도 토대로 삼았다. (분류와 해석 측면에서 오류가 있다면 전적으로 내 책임이다.)

위대한 영화 속 원형들

영웅

대개 남성이었지만 여성도 점점 늘어나고 있다. 이들은 홀로 또는 남들과 힘을 합쳐서 압도적인 힘을 지닌 듯한 적들과 맞선다. 선행 인류와 원시 인류가 끊임없이 벌인 전쟁의 본능적인 산물이라고 합리적으로 해석할 수 있는 본능적으로 흡족한 시나리오다.

사례

「알렉산드르 네프스키(Alexander Nevsky)」(1938년). 얼어붙은 네바 강에서 이루어진 전설적인 전투에서 튜턴 기사단을 물리친 인물.

「에일리언(Alien)」(1979년)과 「에일리언 2(Aliens)」(1986년). 시고니 위버(Sigourney Weaver, 1949년~)가 연기한 궁극적인 페미니스트 전사 리플리는 역대 할리우드 촬영장에 등장한 가장 무시무시한 외계인 중 일부를 물리친다.

「배드 데이 블랙 록(Bad Day at Black Rock)(1955년). 제2차 세계 대전 때 역전의 용사였던 외팔이가 인종 차별주의자 악당들을 물리친다.

「빌리 잭(Billy Jack)」(1971년). 인디언 무예의 대가가 인종 차별주의자 악당들을 쓸어 버린다.

「카사블랑카(Casablanca)」(1942년). 험프리 보가트(Humphrey Bogart, 1899~1957년)의 허세와 냉소주의를 통해 고귀한 인격을 돋보이게 한 작품이다.

「피츠카랄도(Fitzcarraldo)(1982년). 주인공은 원주민 부족의 도움을 받아 엄청난 노력을 한 끝에 아마존 강의 한 지류에 있는 대형 선박을 끌고 산을 넘어서 다른 지류로 간다.

「건가 딘(Gunga Din)(1934년). 인도에서 평범한 사람들 속에서 있을 법하지 않은 영웅이 등장해 식민지 지배자들을 구한다.

「헨리 5세(Henry V)」(1944년). 아쟁쿠르 전투에서 왕은 탁월한 연설로 병사들에게 전의를 불어넣어서 무장을 더 잘 갖춘 프랑스 군을 물리친다.

「하이 눈(High Noon)」(1952년). 개리 쿠퍼(Gary Cooper, 1901~1961년)와 복수를 하려는 무법자들 사이의 결투는 서부 영화 중 최고의 장면이라고 널리 여겨진다. 나는 「옛날 옛적 서부에서(Once Upon a Time in the West)」(1969년)에서 헨리 폰다(Henry Fonda, 1905~1982년)가 맡은 암살자와 찰스 브론슨

(Charles Bronson, 1921~2003년)이 맡은 복수자 사이의 짜릿한 마지막 대결이 더 마음에 들지만.

「라스트 모히칸(The Last of the Mohicans)」(1992년). 부족 대 부족, 이어서 그 두 부족 대 제3의 부족의 대결에서 고귀한 야만인인 호크아이가 활약한다.

비극적인 영웅

부족 지도자, 때로 부족 전체는 높은 지위와 권력을 지닌다. 그러나 치명적인 결함 때문에, 지도자나 부족은 실패하고 파멸한다. 선사 시대와 역사 시대에 전체에 걸쳐서 강력한 지도자와 부족이 등장했다가 몰락했다.

사례

「케인 호의 반란(The Caine Mutiny)」(1954년). 선장이 강박적으로 원칙을 고집하자, 선원들은 마침내 반란을 일으킨다.

「시민 케인(Citizen Kane)」(1941년). 재물과 권력의 탐욕에 대한 혹독한 고발.

「갈리폴리(Gallipoli)」(1981년). 부족 대 부족(터키를 침략한 영국), 현대 전쟁의 무익함을 완벽하게 표현한 작품.

「대부 1, 2, 3(The Godfather, I, II, and III)」(1972, 1974, 1990년). 점점 더 큰 권력을 추구하다가 이윽고 배신과 몰락과 죽음으

로 이어지는 마피아 집안을 묘사한, 영화사상 가장 탁월한 범
죄 영화다.

「아라비아의 로런스(Lawrence of Arabia)」(1962년). 자신이 속한
유럽 부족 외교 지도자들의 손에 자신의 꿈이 사라지는 광경
을 지켜보는 세계적인 영웅을 그린 작품.

「선셋 대로(Sunset Boulevard)」(1950년). 영광의 나날을 보낸 뒤
인 노마 데스먼드의 연기 열정, 자아, 광기.

괴물

선행 인류와 인류의 조상들은 몰래 다가와서 잡아먹는
대형 포식자들을 늘 두려워하면서 살았다. 인류가 퍼진 지
리적 범위의 거의 전체에 걸쳐서 지금도 독사는 우리를 죽
일 수 있다.

사례

「새(The Birds)」(1963년). '자연'이 새 떼를 이용해 복수한다.

「금지된 행성(Forbidden Planet)」(1956년). 뛰어난 인물의 마음에
서 만들어진 괴물의 공격을 다룬 초기 SF 영화의 고전.

「프랑켄슈타인(Frankenstein)」(1931년). "살아 있어!" 지금까지
이보다 뛰어난 공포 영화는 나온 적이 없다.

「외계의 침입자(Invasion of the Body Snatchers)(1955년, 리메이크

1978년). 외계인이 지구를 정복하기 위해 인간의 모습을 함으로써 어느 누구도 믿을 수 없게 된다.

「죠스(Jaws)」(1957년). 물속에 무언가기 실제로 있다고 말하면서 처음부터 끝까지 섬뜩하게 만드는 작품.

「킹콩(King Kong)」(1933년). 킹콩 영화의 원형. 나는 아이 때 처음에는 겁에 질려 꼼짝도 못 하다가 끝날 때는 새끼 고양이처럼 얌전해졌다. 2005년판 리메이크작은 특수 효과의 걸작이었다.

「노스페라투(Nosferatu)」(1921년). 한 세기 내내 이어진 흡혈귀 영화의 첫 단추를 꿴 작품.

「사이코(Psycho)」(1960년). 앤서니 퍼킨스(Anthony Perkins, 1932~1992년)는 광기가 불러올 수 있는 살인, 근친 상간, 시간을 포함해 거의 모든 공포를 잘 그려 낸다.

「양들의 침묵(Silence of the Lambs)」(1990년). 광기의 살인자를 마찬가지로 섬뜩하게 묘사한 작품.

탐색

선행 인류와 인류의 조상들은 수렵 채집인이었고, 탐색 영역 내에서 사냥감과 식물을 찾아서 끊임없이 돌아다녀야 했다. 물, 동물 떼, 먹을 수 있는 식물이 많은 새로운 곳을 발견하면 부족은 활기가 넘쳤고, 그런 발견은 많은 이야기와 전설의 원천이 되었다.

사례

「2001: 스페이스 오디세이(2001: A Space Odyssey)」(1968년). 외계 문명을 찾아서 비행하는 동안 인류의 기원과 진화에 관한 수수께끼들이 이어진다.

「불의 전차(Chariots of Fire)」(1981년). 올림픽에서 금메달을 따려는 이들의 용기, 종교, 명예를 다룬 작품.

「인디아나 존스: 최후의 성전(Indiana Jones and the Last Crusade)」(1989년). 드디어! 성배가 발견되었다! 그러나 그 발견은 재앙으로 이어지면서 성배는 다시 사라진다.

「레이더스(Raiders of the Lost Ark)」(1981년). 언약의 궤도 발견되었다! 마찬가지로 재앙이 빚어진다.

「시에라 마드레의 황금(Treasure of the Sierra Madre)」(1948년). 일확천금을 꿈꾸면서 위험한 곳으로 향하지만, 결국 살인으로 끝난다.

두 사람의 유대

성적인 관계가 아니라, 두 남성, 두 여성, 또는 남성과 여성이 적대 세력에 쫓기면서 자유를 얻기 위해 힘을 모은다. 나이에 상관없이 영웅적인 이타주의와 협력의 힘을 보여 주는 우화다.

사례

「아프리카의 여왕(The African Queen)」(1951년). 보가트와 캐서린 헵번(Katharine Hepburn, 1909~2003년)이 연기하는 전혀 다른 성격의 두 인물이 제1차 세계 대전기 식민지 아프리카에서 독일군을 피해 달아나는 과정에서 친밀해진다.

「내일을 향해 쏴라(Butch Cassidy and the Sundance Kid)」(1969년). 동업자가 되어 범죄를 저지르다가 결국 피를 흘리고 죽는다.

「디어 헌터(The Deer Hunter)」(1978년). 러시안룰렛 장면은 용맹과 희생을 담은 최고의 영화 장면이다. 가슴을 찢어지게 만드는 잊을 수 없는 명장면이다.

「리썰 웨폰(Lethal Weapon)」(1989년). 전혀 다른 성격의 두 남자가 악당들을 심판한다는 이야기다.

「리버티 밸런스를 쏜 사나이(The Man Who Shot Liberty Valance)」(1962년). 한 여인을 두고 경쟁하는 두 남자가 무법자 악당을 물리치기 위해 힘을 합친다.

「델마와 루이스(Thelma and Louise)」(1991년). 살인 용의자로 몰려서 협곡 가장자리까지 내몰린 두 여자는 자동차를 몰고 자살을 택한다.

다른 세계

선행 인류와 인류 부족들은 늘 발견과 정복을 통해 끊임없이 추가 영토를 탐색하면서 살았다. 6만 년 전에 아프리카에서 나온 뒤로, 인류 집단들은 우리 종에게 전혀 낯선 땅으로 퍼졌다. 그러다가 경계에서 마주칠 때마다, 그들은 전쟁을 하거나 동맹을 맺었다.

사례

「에일리언」(1979년). 새로 발견된 행성 주위를 탐사하다가, 생존력이 대단히 뛰어난 괴물 기생체와 마주친다. 「에일리언 2」와 「더씽(The Thing)」(2011년, 존 카펜터(John Carpenter, 1948년~) 감독의 1982년 영화의 리메이크작이다.)은 지금까지 나온 SF 공포 영화 중 최고다.

「이티(E.T. the Extra-Terrestrial)」(1982년). 호의적 외계인(그리고 아마도 호의적 인간 종족)이 어떤 모습일지를 그린 작품.

「미지와의 조우(Close Encounters of the Third Kind)」(1977년). 호의적인 외계인이 어떤 모습일지를 그린 두 번째 걸작.

「왕이 되려던 사나이(The Man Who Would Be King)」(1975년). 숀 코너리(Sean Connery, 1930~2020년)가 연기한 주인공이 권력과 재물을 얻기 위해 먼 산악 지역으로 갔다가 결국 배신과 죽음을 맞이한다는 내용.

「레이더스」(1981년). 운 나쁘게 나치가 성궤를 열었다가 신앙에 토대를 둔 세계의 초자연적인 공포와 맞닥뜨린다.

다른 세계라는 원형의 매력은 SF 소설과 영화에서 가장 강렬하게 표현된다. 이런 예술 작품들의 영향력은 짜임새 있는 이야기 구성과 상세한 과학적 및 공학적 묘사에 힘입어서 점점 더 커지고 있다.

사례

SF 영화는 아마 다른 어떤 장르의 영화들보다 훨씬 더 성숙한 장르일 것이다. 내가 좋아하는 초창기 영화 중 하나인「험한 붉은 행성(The Angry Red Planet)」(1960년)은 그 점을 잘 보여 준다. 우주선이 화성 표면에 내린다. 바로 옆집에 사는 친절한 미국인들처럼 보이는 우주 비행사들은 다른 행성의 표면을 처음으로 가까이에서 보는 인류답게 흥분하면서 기다린다. "불로바(BULOVA)"라는 상표가 찍힌 벽시계가 시간을 알려준다. 그들은 둥근 창을 통해서 붉게 물든 밖을 내다본다. 한 명이 묻는다. "생명의 낌새가 보여?" 다른 이가 답한다. "전혀. 그냥 식물밖에 없어." 관객은 혹시 그 식물이 우주 비행사들을 잡아먹지 않을까 하는 예감이 들어서 눈을 떼지 못한다. 실제로 그런 일이 벌어진다.

SF 영화는 기술적으로 가능한―아니 적어도 상상 가능한―모험 이야기로 진화해 왔으며, 그중에는 지구의 종말을 가져오는 격변, 외계 행성으로의 이주, 문제를 해결하는(그리고 아마도 세계를 구하는) 과학자 영웅이 등장하는 작품이 많다. 「인터스텔라(Interstellar)」(2014년)는 죽어 가는 지구를 떠나 웜홀(worm hole)을 통해 거주 가능한 행성을 찾으려는 개척자들이 등장한다. 「마션(The Martian)」(2015년)은 구조선이 올 때까지 화성에서 살아남아야 하는 우주 비행사의 창의성과 근성을 탁월하게 보여 준다. 이 장르에서 내가 개인적으로 좋아하는 영화 하나를 더 꼽자면, 목성의 달에 있는 얼음으로 뒤덮인 바다에서 외계 수생 생물을 찾는 이야기를 다룬 「유로파 리포트(Europa Report)」(2013년)가 있다.

이런 영화들에 비견될 탁월한 SF 소설로는 닐 스티븐슨(Neil Stephenson, 1959년~)의 『세븐이브스(Seveneves)』(2015년)가 있다. 기술적으로 정확하다고 과학자들로부터 찬사를 받은 작품이다. 달이 폭발해 파편들이 서서히 지구로 쏟아질 것이라고 예상된다. 그사이에 인류를 구할 피난선을 만들어야 한다. 실제로 그런 일이 일어난다면, 우리는 이 소설처럼 하면 될 것이라고 편안하게 상상할 수 있다.

일반적으로 기술 지식과 소설적 재능을 결합하면 과학과 창작 예술의 융합을 위한 재료를 무한정 공급할 수 있다.

고대 그리스에서 시작된 연극과 그 비평의 역사는 상당 부분 구세계 영장류의 유전적인 감정 기반의 목록에다가 언어와 문화를 추가한 것에 해당한다. 여기서 내가 말하려는 바는 본능의 잔류물이 원형을 상기시키는 특정한 주제들을 모음으로써 연극에서 표현되는 형태로, 언어와 문화에 작용해 왔다는 것이다. 현대에 들어서, 그 현상은 영화의 역사 속에서 선명하게 윤곽이 드러나는 듯하다. 이 가설은 우리 몸의 해부 구조와 생리 전체에 조상 동물의 형질들이 뚜렷이 새겨져 있다고 볼 때 설득력이 있다. 실제로 그렇다면, 인간의 창의성을 논의할 때 이 특성들도 포함하는 것이 논리적이지 않을까? 이 질문은 두 가지 열린 질문으로 바꿔 말할 수도 있다. 그 질문들은 내가 앞에서 대답하려고 시도한 것이며, 과학과 인문학을 결합하는 연구를 통해 더 조사하기를 바라는 것이기도 하다. 바로 이런 질문이다. 인간 본성이란 무엇이며, 애초에 인간 본성은 왜 있는 것일까?

18

가장
동떨어진 섬

과학과 인문학에서 통합된 창의성이 어떤 전망을 지니
는지 두 이야기를 통해서 보여 주기로 하자. 첫 번째는 남
극 대륙 외곽에 있는 세계에서 가장 외진 섬의 이야기다.

'스케리(skerry)'와 '시스택(seastack)'은 영어 사용자의 일
상 대화에서 거의 쓰이지 않는 단어다. 옛 스칸디나비아 언
어에서 유래한 스케리는 작은 바위섬을 뜻하며, 시스택은
좀 높은 지대의 땅이 파도에 모두 깎여나가고 덩그러니 남
은 바위기둥을 가리킨다. 이 두 단어는 거의 마법처럼 나를
끌어당긴다. 내 여행자의 마음을 수수께끼의 잊힌 장소로
향하게 한다. 대양 반대편 끊임없이 파도가 철썩이는 세계
의 어딘가에 있는 성역을 제시하기 때문이다. 설령 그런 섬

이 너무 작아서 사람이 살 수 없다고 해도, 나는 그곳에 가고 싶다!

내가 섬을 지나치게 좋아하는 섬 애호가(neseophile)임을 고백하련다. 내 마음은 칠레 연안에서 떨어진 온대 태평양의 스케리인 살라스 이 고메스(Salas y Gómez) 섬으로 으레 향한다. 먼 바다에 홀로 떠 있는 넓이가 약 15헥타르에 최대 높이가 770미터인 이 바위섬은 세상에서 가장 작은 대양섬 중 하나다. 이 섬은 본래 수면 아래 다양한 깊이로 있는 해저에서 솟아오른 수천 개의 화산 봉우리 중 하나인 해산(海山)이었다. 살라스 이 고메스 섬은 외로운 스케리가 자유롭게 솟아올라서 만들어지는 태평양 남동부에서도 가장 드문 봉우리 중 하나다. 상대적으로 자그마한 이 땅덩어리는 세계에서 가장 동떨어진 섬이기도 하다. 가장 가까운 이웃은 지구에서 가장 동떨어진 유인도인 이스터 섬이고 200킬로미터 떨어져 있다.

지리에 관심이 많은 생물학자인 나는 거의 외계라고 할 이곳까지 들어가서 현재 살아남은 동식물이 어떤 종류인지 특히 알고 싶었다. 나는 살라스 이 고메스 섬을 들렀던 극소수의 방문자로부터 답을 알아냈다. 이 스케리에는 세인트 헬레나 섬과 어센션 섬 같은 대서양의 외딴 섬에도 사는 아스플레니움 속(Asplenium) 고사리 한 종을 포함해 육상 식물이 4종 산다. 그런 식물을 먹는 곤충도 몇 종류 있다. (나는 이름은 알아내지 못했다.) 총 12종의 바닷새가 알을 낳고 새끼를 기르기 위해 그곳으로 향한다. 곤충보다 큰 다른 육상 동물은 전혀 없다.

약 12종의 바닷새라는 방문객으로 제외하고, 아마도 존재할 아직 찾아보지 않은 곤충과 미세한 선충과 윤충을 포함한다고 할 때, 이 외진 작은 세계에 사는 육상 동식물 종의 수는 아마 100종 미만일 것이다. 같은 넓이의 열대 우림에는 그것보다 100배, 아니 심지어 1,000배에 달하는 종이 산다. 이 섬이 적어도 수백 년 전부터 있었다는 점을 고려할 때(이스터 섬 주민들은 쌍동선을 타고 대양을 여행하던 시절에 이 섬을 방문했다.) 더 많은 동식물이 이 섬에 정착하지 않은 이유가 무엇일까? 왜 그렇게 생물이 거의 없는 상태로 남아 있을까?

아마 현재 생물학자들이 말해 줄 수 있는 답은 그 소수의 동식물상이 평형을 이루고 있다는 것이 아닐까? 가장 가까운 땅으로부터도 멀리 떨어져 있으므로 기나긴 세월이 흘러도 이 스케리까지 오는 종은 극소수일 것이다. 한편, 섬의 크기가 작아서 종이 사라지는 속도는 빠르다. 이주율과 멸종률이 같을 때, 어느 기간에 있는 종의 수는 아주 적다. 그 결과 살라스 이 고메스 섬은 "가장 초라한"이라는 목록에 또 한 가지 특징이 덧붙는다. 세계의 극지방 외곽에 있는 섬 중에서 가장 적은 동식물상을 지닌다.

살라스 이 고메스 섬에는 사람이 살 수 없다. 사람에게 목격된 적이 없었다면, 이 섬이 실재한다고 말할 수 있을까? 언뜻 생각하면 부조리한 질문 같지만, 그렇지 않다. 쓰러지는 나무 역설의 다른 판본일 뿐이다. 숲속에서 누구도 듣지 못한다면, 나무가 쓰러질 때 소리가 난다고 할 수 있을까? 상식적으로 생각하면, 답은 명백하다. 나무는 쓰러질 때 압축되는 공기의 파동을 내보낸다는 것이다.

그러나 우리 종에게 의미 있는 '소리'가 되려면 공기에 일어나는 그 변화를 듣는 인간이 필요하다. 물리학자와 생물학자는 나무줄기가 처음 갈라지는 소리, 수관이 아래로 처질 때의 불길한 속삭임, 가지들이 떨어지면서 꺾이고 부러지는 소리, 이윽고 쿵 하고 줄기가 땅에 부딪히는 소리를 세세하게 예측하고 모사할 수 있을지 모른다. 그러나 그 과학자들도 다른 어느 누구도 실제로 나무가 쓰러지는 소리를 들을 수는 없다. 그 순간에 사람이나 기록 장비가 지켜보아야 한다. 그렇지 않으면 그 사건은 아무런 의미가 없다. 프리드리히 니체의 차라투스트라는 태양에게 이렇게 말을 건다. "위대한 별이여! 당신이 비출 이들이 없다면 무엇에서 행복을 찾겠는가!"

윌리스 스티븐스는 「솜남불리스마(Somnambulisma)」(1943
년), 즉 「몽유병」이라는 시에서 보이지 않는 바다와 들리지
않는 파도라는 심상으로 역설의 의미를 더 깊이 탐구했다.

오래된 해안으로 그저 그렇게 바닷물이 밀려든다.
소리 없이, 소리 없이, 얇은 새를 닮은 모습으로,
둥지에 내려앉으려고 생각하지만, 결코 내려앉지 못한다.

날개는 계속 펼쳐져 있지만, 결코 날개가 아니다.
발톱은 모래톱을 계속 할퀸다, 얕은 모래톱,
소리 나는 얕음을, 물에 씻겨 사라질 때까지.

대를 이어서 밀려드는 새들은 모두
물에 씻겨 사라진다. 뒤따라서,
뒤따라서, 뒤따라서, 뒤따라서, 물에 씻겨 사라진다.

결코 내려앉지 못하는 이 새가 없다면,
그들의 우주에서 뒤따르는 후손들이 없다면,
공허한 해안으로 떨어지고 또 떨어지는 바다는

죽은 자의 지리(地理)가 될 것이다; 땅의 지리가 아니라

그들이 사라져 갔을지도 모르지만, 그들이 살고 있는 곳,
스며드는 존재로서가 아닌 곳이,

따로 살면서, 멋진 지느러미, 꼴사나운 부리,
모든 것을 느끼는 사람으로서, 자신의 사적인 것들
마구 놀려대는 학자 따위는 전혀 없는 곳이.

평론가 헬렌 벤들러는 그 핵심 질문의 범위를 넓혀서
이렇게 말한다. "우리 위에 둥둥 떠 있는 미술과 음악, 종
교, 철학, 역사가 창안한 모든 상징적 표상들과 그 뒤로 학
술 활동을 통해 덧붙여진 모든 해석과 설명이 존재하지 않
는다면, 우리는 어떤 부류의 인류로 있을까?"

이 질문도 답도 미사여구에 불과한 것이 아니다. 문학
도 없을 것이고, 추상적이거나 상징적인 언어도 거의 또는
전혀 없을 것이고, 부족 국가(하루에 달려갈 수 있는 거리보다 넓
은 영토를 지닌 국가)도 없을 것이다. 기술은 구석기 상태로 남
아 있을 것이고, 미술은 여전히 굳이 해석이 거의 필요하지
않은 투박한 조형물과 암벽에 그린 막대 그림에 머물러 있
을 것이다. 과학과 기술은 창끝을 뾰족하게 깎고 돌도끼를
다듬고 고둥 껍데기를 꿰어서 목걸이를 만드는 행위로 이
루어져 있을 것이다.

19
아이러니:
마음의 승리

스티븐 손드하임(Stephen Sondheim, 1930년~)의 브로드웨이 뮤지컬 「리틀 나이트 뮤직(A Little Night Music)」에 나오는 감동적인 발라드 「어릿광대에게 보내 줘요(Send in the Clowns)」는 과학적 인문학과 인문학적 과학이 수렴된다는 주제의 탁월한 사례가 된다. 1973년 배우 글리니스 존스(Glynis Johns, 1923년~)를 염두에 두고 쓴 이 노래는 여러 뛰어난 예술가들이 불렀다. 주디 콜린스(Judy Collins, 1939년~)가 부른 노래는 1976년 그래미 상 시상식장에서 올해의 노래로 뽑혔다.

이 뮤지컬의 주인공이자 화자는 아름다우면서 성공한 여배우인 데지레다. 그녀는 여러 해 전에 변호사인 프레더릭과 잠자리를 해서 아이를 가진 바 있었다. 이 매력적인 남성은 자신이 아버지임을 전혀 모른 채, 데지레에게 청혼을 한다. 하지만 그녀는 자신은 일과 결혼했다면서 거절한다. 막이 시작될 때 프레더릭은 마찬가지로 아름다우면서 훨씬 더 젊은 여성과 혼인한 상태다. 그러나 성관계가 없는 결혼 생활이다. 데지레가 여전히 자신을 구원하고 싶으냐고 묻자, 이번에는 프레더릭이 거절한다. 분개한 데지레는 이렇게 시작하는 역설적인 노래로 응답한다.

> 재미있지 않아요?
> 우리가 짝인가요?
> 마침내 나는 지상으로 내려왔는데,
> 당신은 공중에 있네요.
> 어릿광대에게 보내 줘요.

우리는 데지레가 패배감과 실망감을 드러내고 더 나아가 사실상 속으로 분개하고 있는 것이 틀림없다고 가정한다. 무대에서 이 장면을 연기하는 배우들과 무대 밖에서 이 노래를 부르는 이들은 데지레의 감정을 나름의 방식으로 다양하게 표현한다. 평론가들은 거의 예외 없이 각 버전에 감탄하지만, 어릿광대라는 대목에서는 당혹스러워하는 경향이 있다. 그들은 손드하임이 그 노래를 후회와 분노를 담은 것이라고 설명했을 때에야 비로소 납득할 수 있었다. 어릿광대에게 보내라는 말은 연극적 표현이다. 일이 잘 안 풀리면, "그냥 우스갯소리나 하면서 넘기자."라는 뜻이다.

후회와 분노는 확실히 예상할 수 있는 감정이다. 누구든 그런 감정을 느낄 것이다. 데지레 같은 유명한 배우라면 더욱 그렇지 않겠는가? 그러나 나는 이 왈츠풍 작품의 금욕적인 가사에 더 중점을 둔다. 일관되게 예상하면서 더 곧이곧대로 읽으면, 이 가사는 순수한 아이러니의 교과서적인 사례다. 이 노래가 표현하는 감정들은 그 단어의 연원인 그리스 어 에이로네이아(*eironeia*)로 거슬러 올라간다. 대강 해석하자면, '꾸며낸 무지'라는 뜻이다. 아이러니는 인류만이 지닌, 수사학적인 특성을 지닌 감정 형질로서 진화했다.

아이러니는 언어와 문학에서 어떤 과정이나 실체의 특성을 정반대 특성을 통해 묘사하는 장치다. 황제의 새 옷, 천둥 같은 침묵, 가장 큰 작은 도시(Biggest Little City, 네바다 주 리노의 별칭이기도 하다.—옮긴이), 똬리를 튼 방울뱀의 고요한 평화로움, 가볍게 주고받는 백병전 같은 말들이 그렇다. 심지어 아이러니를 결코 의도하지 않는 천체 물리학의 전당에서도 너무나 당당하게, 우리가 볼 수 있는 끝없는 우주가 마찬가지로 끝없는 평행 우주들과 공존한다. 아이러니는 의미의 새로운 수준을 창조한다. 실생활의 야만성을 희화

화하고 강조하고 부드럽게 만든다.

내가 들어본 바로는 「어릿광대에게 보내 줘요」를 부른 이들 중에, 내가 반드시 들어가야 한다고 느끼는 이런 특성들을 표현한 이가 거의 없다. 정도의 차이는 있지만, 예술가들은 그 아이러니의 배후에 있다고 자신이 생각한 것을 감정으로 표현하며, 평소의 자기 양식에서 벗어나려 하지 않는다. 주디 콜린스는 따스하고 감미롭고 사랑스럽다. 모든 가수 중에서 그녀는 떠나면 가장 후회하게 될 상대다. 바브라 스트라이샌드(Barbra Streisand, 1942년~)는 특유의 힘찬 가창력을 드러내며, 목소리와 감정이 극적으로 오르내린다. 글리니스 존스는 불신과 분노로 가득하고, 주디 덴치(Judi Dench, 1934년~)는 그저 슬픔에 잠겨 있다. 캐럴 버넷(Carol Burnett, 1933년~)은 실망해 감정을 잃은 모습을 고스란히 담아낸다. 캐서린 제타존스(Catherine Zeta-Jones, 1969년~)는 표정과 음조로 극적 효과를 높인다. 새라 본(Sarah Vaughan, 1924~1990년)은 그 노래에 사랑 노래의 미묘함과 재즈 분위기를 곁들인다. 프랭크 시나트라(Frank Sinatra, 1915~1998년)는 성별이 안 맞는다.

글렌 클로스(Glenn Close, 1947년~)만이 제대로 부른다. 처음부터 끝까지다. 내 개인적인 판단이긴 하지만, 그녀는 완벽하다. 마이크 앞에 차분히 선 자세에서 아이러니가 담긴

미소를 띤 채 부르는 모습이 중년의 끝자락에 있는 교양 있고 고도로 지적인 여성임을 시사한다. 그녀의 데지레는 몹시 실망하고 분노하고 아마도 체념하고 있음에도, 세상이 아직 자신에게 등을 돌리지 않았을지 모른다는 미미한 가능성을 열어두고 있다. 이 상황의 중요성은 미묘한 버릇 속에서 드러난다. 그녀는 "어릿광대"라는 단어를 신중하게 한 글자 한 글자 또박또박 발음하면서 살짝 강조한다. 데지레는 걸어 다니는 비극이지만, 그녀의 태도는 지극히 예의 바르고, 그리하여 더욱 감동적이다.

> 익살극 좋아하지 않나요?
> 내 잘못인가 봐요.
> 내가 원하는 걸 당신도 좋아할 거라고 생각했어요.
> 미안해요, 내 사랑.
> 그런데 어릿광대는 어디 있나요?
> 어릿광대에게 보내 줘요.
> 신경 쓰지 마요. 여기 있네요.

분노, 질시, 보복은 동물적인 감정이다. 수천만 년 전 우리 조상들의 시상하부를 비롯한 감정 통제 중추들에 이미 자리를 잡은 본능적 프로그램의 일부다. 아이러니는 그

것과는 다르다. 언어를 통해 조성된 사회적 환경 속에서 일어난 문화적 진화를 통해 상당한 수준까지 다듬어진 것이고, 우리 대뇌가 더 평온한 상태일 때 만들어 낸 우리만의 것이다. 동물적인 감정을 설명하려면 생물학 쪽으로 더 나아가야 한다. 물론 인문학과 손을 잡고서다. 아이러니를 설명하려면, 반대 방향으로 나아가야 한다.

20
제3차
계몽 운동

사람들이 흔히 믿고 있는 것과 정반대로, 인문학은 과학과 별개가 아니다. 현실 세계나 인간의 마음에서 일어나는 과정 어디에서도 둘을 가르는 근본적인 틈새 따위는 없다. 양쪽은 서로에게 침투한다. 과학적 방법이 규명하는 현상들이 일상 경험과 아무리 동떨어져 있는 양 보일지라도, 범위가 얼마나 방대하거나 극미하다고 할지라도, 모든 과학 지식은 인간의 마음을 통해 처리되어야 한다. 발견 행위는 지극히 인간적인 이야기다. 그 이야기가 들려주는 것은 인간의 성취다. 과학 지식은 인간의 뇌가 만든 독특하면서 지극히 인간적인 산물이다.

따라서 과학과 인문학의 관계는 철저히 호혜적이다. 인

간의 생각이 아무리 미묘하고 덧없고 사적인 양상을 띠든 간에, 그 모든 생각은 궁극적으로 과학적 방법을 통해 설명할 수 있는 물리적인 토대를 지닌다.

따라서 과학이 인문학의 토대가 된다면, 인문학은 범위가 더 넓어진다. 과학적 관찰이 현실 세계에 존재하는 모든 현상을 다루고, 과학 실험이 가능한 모든 현실 세계를 규명하고, 과학 이론이 상상할 수 있는 모든 현실 세계를 다루지만, 인문학은 이 세 수준을 모두 포괄하면서 한 걸음 더 나아가 무한히 많은 모든 환상 세계까지 다룬다.

17세기부터 18세기 말까지 진행된 유럽의 계몽 운동은 지식을 크게 세 학문 분야로 나누었다. 자연 과학, 사회 과학, 인문학이다. 사회 과학은 지금 대체로 아메바가 둘로 분열하듯이 두 분야로 쪼개져 왔다. 한쪽은 자연 과학과 합쳐지고 있고, 다른 한쪽은 인문학의 언어와 양식을 따르려 하고 있다. 전자에 속한 사회 과학의 연구 결과들은《네이처(Nature)》,《사이언스(Science)》,《미국 국립 과학원 회보(The Proceedings of the National Academy of Sciences)》같은 유명 학술지에서 볼 수 있다. 후자의 연구 결과는《뉴요커(The New Yorker)》,《뉴욕 리뷰 오브 북스(The New York Review of Books)》,《퍼블릭 인터레스트(Public Interest)》, 미국 예술 과학 아카데미의 회지인《다이달로스(Daedalus)》에 발표된다.

과학과 인문학은 여전히 분리되어 있을지 몰라도, 둘의 관계는 여러 방면에서 점점 더 긴밀해져 가고 있다. 둘이 관계를 맺는 정도는 일종의 연속체를 이룬다. 과학 쪽 끝에는 그 분야에서 높이 사는 학술지에 실리는 전형적인 양식의 논문이 있다. 철저하게 사실에 입각한 자료, 수많은 관찰과 분석, 신중에 신중을 기한 결론으로 이루어져 있어서 읽기가 지루하다. 추측은 설령 감행한다고 해도, 새로운 관찰과 실험을 토대로 한 가설 형태로 제시되어야 한다. 은유는 과학자들에게 탄약고에 던지는 불붙은 성냥이나 다름없다고 여겨지기에, 쓴다고 해도 어쩌다가 매우 조심스럽게 써야 한다.

과학-인문학 연속체의 반대쪽 끝에는 창작 예술 중에서도 가장 창의적인 작품들이 놓인다. 그 세계에서 통용되는 화폐는 은유다. 문학이든 음악이든 시각 예술이든 간에 예술가의 목표는 미학적 놀람을 통해서 정서적 충격을 안겨 주는 것이며, 새로움과 기교가 그 척도가 된다. 과학 평론가는 어떤 과학적 발견을 상세히 설명할 뿐 과학자 개인에게는 무심한 경향을 보이는 반면, 창작 예술 쪽 평론가는 예술가 자체를 상세히 다루고 그 작품 자체에는 신경을 덜 쓰는 경향을 보인다.

과학적 사고와 인문학적 사고의 융합은 시간이 흐를수

록 점점 늘어나고 있다. 1954년 찰스 퍼시 스노(Charles Percy Snow, 1905~1980년)의 "두 문화"라는 말을 통해 유명해진, 예전에 둘을 나누었던 드넓은 간격은 메워져 왔다. 좁은 다리를 통해서가 아니라, 새로운 분야들이 출현해 그 간격을 메우는 넓은 접경 지대를 통해서다.

과학과 인문학이 서로 더 가까워짐에 따라, 둘 사이의 상승 효과도 가속되고 있다. 인문학은 늘 '인간다움이란 어떤 의미인지'를 설명하는 분야들의 집합이라고 여겨져 왔다. 그러나 그 개념이 정확히 들어맞는 것은 아니다. 인문학은 인간 조건의 꽤 많은 부분을 기술해 왔지만, 인간 조건이 대체 무엇인지를 설명하는 일에는 대체로 실패해 왔다. 그 목표를 이루려면, 인문학자들이 써 왔던 것보다 과학 연구로부터 훨씬 더 많은 정보를 얻어야 할 것이다.

위대하다고 여겨지는 시인을 비롯한 창작 예술가들과 그들의 작품을 평가하는 최고의 비평가들이 지닌 한 가지 두드러진 특징은 자신들이 찬미하는 바로 그 생물에 관한 과학에 무지하다는 것이다. 그들은 신체 기관에서 분자에 이르기까지 도표에 담은 인체의 구조, 인간이 감지하는 감각의 진정한 범위, 인류 계통의 파란만장하고 언제나 불안했던 진화 역사를 접하면 놀란다. 우리를 탄생시키고 우리의 호흡 하나하나가 의지하는 살아 있는 세계를 접할 때에도 적잖이 놀란다. 그러나 대체로 그들은 세세한 내용에는 확고하게 무지한 채로 남아 있다. 그들은 그저 자신들끼리만 대화하는 데 만족한다.

예를 들어, 우리는 대중이 탐독하는 엄청나게 많은 소설로부터 정말로 정확히 무엇을 배워 왔을까? 토머스 스턴스 엘리엇(Thomans Stearns Eliot, 1888~1965년)은 반박하기 어려운 평가를 내린다. "소설을 통해 얻은 삶의 지식은 다른 단계의 자의식을 통해서만 쓸 만한 것이 된다. 그것은 삶 자체에 관한 지식이 아니라, 다른 사람이 가진 삶에 관한 지식에 관한 지식일 뿐이다."

인간 본성의 한 가지 두드러진 감정 형질은 동료 인간들을 자세히 지켜보고, 그들의 인생사를 알고, 그럼으로써 그들의 성격과 신뢰 가능성을 판단하는 것이다. 플라이스토세(홍적세) 이래로 죽 그래 왔다. 호모 속으로 분류될 수 있는 최초의 무리와 그 후손들은 수렵 채집인이었다. 지금의 칼라하리 주/호안시 사람들과 마찬가지로, 그들도 복잡한 협력 행동에 의지해야 하루하루 살아남을 수 있었을 것이 거의 확실하다. 그렇게 협력하려면 집단 구성원 각각의 개인사와 능력을 정확히 알아야 했고, 마찬가지로 감정 이입을 통해서 남들의 감정과 성향도 알아차릴 필요도 있었다. 동료들이 들려주는 이야기에 자극을 받아서 감정을 알

뿐 아니라 공유하면 깊은 만족감을 얻는다. 원한다면 그것을 인간의 본능이라고 불러도 좋다. 이런 활동들 전체는 생존과 번식을 통해 보상을 안겨 준다. 수다 떨기와 이야기하기는 다원주의적 현상이다.

대중이 인문학을 존중하고 지지하는 태도가 우려될 만큼 줄어들고 있는 한 가지 주된 원인은 인문학이 지나칠 만치 협소하게 현재와 최근 역사 시대 이후의 인간 조건에만 초점을 맞추기 때문이다. 언뜻 볼 때는 그것을 인문학의 공식적 정의라고 받아들일 수도 있을 것처럼 여겨진다. 그러나 그런 태도는 인문학적 자의식을 우리 종이 기원했으며 우리가 계속 존재하고 있는 방대한 물리적 및 생물학적 세계 내의 작은 공기 방울에만 거의 전적으로 한정시켜 버린다. 또 인식의 초점을 이렇게 좁힘으로써 인문학을 뿌리 없는 학문으로 만들어 버리는 결과가 빚어진다. 인문학적인 기술과 분석은 설령 역사의 세부 사항들을 탁월하게 포착한다고 해도, 인간의 마음을 만들어 낸, 따라서 인문학이 초점을 맞추는 그 역사를 만들어 낸 선사 시대의 진화적 사건들에는 대체로 무지하고 관심도 두지 않는다. 더 나아가 창작 예술과 비평 분석은 우리 각자의 안팎에서 끊임없이 요동치는 인간 이외의 물리적 및 생물학적 과정들의 대부분을 모르고 언급도 하지 않는다. 우리는 우리 활동이 어떤 운명을 낳든 간에 우리를 그 운명으로 인도하는 환경과 그 안에 담긴 힘들을 여전히 대체로 외면하고 있다.

마찬가지로 과학자들도 창작 예술가들 및 인문학자들과 협력할 준비가 안 되어 있다. 과학자들의 대다수는 특정한 분야의 장인이다. 즉 아주 작은 특화한 지식과 탐구 영역(지금은 흔히 사일로(silo)라고도 한다.) 내에서 쌓은 경력만으로 살아가는 연구자다. 그들은 세포막이든 원실젖거미류든 간에 자신이 전문가인 협소한 주제에 관해서는 거의 모든 것을 말해 줄 수 있지만, 그밖의 다른 것들은 그다지 깊이 있게 설명하지 못한다. 그 이유는 진정한 과학자—기자, 논픽션 작가, 과학사 학자가 아니라—가 되려면 보증을 받을 수 있는 과학적 발견을 해야 한다는 데 있다. 전문가들 사이에 낄 수 있을지 알려주는 진정한 척도는 이 문장을 완성할 수 있느냐다. "나는 ○○○을 발견했다." 발견의 중요도는 같은 또는 인접한 사일로에 거주하는 동료들이 판단한다. 진정한 과학자는 무엇보다도 동료들의 인정과 존중을 받기를 원한다. 대중의 인정은 그다음이다. 그들은 베스트셀러를 써서 받는 상보다 국립 과학원 회원으로 뽑히는 것에 더 가치를 두는 경향이 있다.

진정한 과학의 정의가 이렇게 엄격할 수밖에 없는 이유는 대다수 과학자가 특정 분야의 장인으로 만족하고 있기 때문이다. 독창적인 과학 연구를 수행하려면 도제 수련 기간을 거쳐야 한다. 그 기간에 처음에는 폭넓게 여러 주제를 배우고, 기술을 갈고닦고, 이윽고 대개는 박사 후 연구원이 되어 선임 과학자나 연구진과 공동 연구를 수행한다. 그 지망자는 개인적 관심과 기회를 토대로 전공 분야를 고른다. 삶과 마음 양쪽으로 인문학과 가장 가까운 분야인 생물학을 전공하는 젊은 과학자는 "그 생물에 대한 느낌"이라고 부를 수 있는 특정한 범위의 지식과 경험을 갖춘다.

대부분의 과학 지식이 10~20년마다 2배로 느는 식으로 기하급수적으로 증가하고 있기 때문에, 각 분야 내의 하위 전문 분야들은 급증한다. 그러면서 각 전문 분야의 범위는 좁아진다. 내가 대학원생이던 1950년대 초에는 대개 1~3명이 독창적인 생물학 논문을 써서 발표했다. 1953년 《네이처》에 제임스 듀이 왓슨(James Dewey Watson, 1928년~)과 프랜시스 크릭(Francis Crick, 1916~2004년)이 DNA의 구조를 처음으로 발견해 알린 역사적인 논문은 공동 연구를 하는 과학자들에게 더 많은 기회가 열려 있음을 말해 주는 전형적인 사례였다. 지금은 훨씬 더 큰 규모의 연구진을 꾸리는 것이 보편적이다. 논문 한 편을 수십 명이 공동으로 쓰는 일도 드물지 않다. 어떤 중요한 종의 DNA 서열 전체를 파악하는 일처럼, 공동 연구자가 100명이 넘는 주제도 있다.

1950~1960년대는 현대 생물학의 영웅 시대였다. 특정 주제를 붙들고 토론하는 소수의 전공자들이 거의 불가능해 보이는 인상적인 발전을 이루던 시기였다. 그들이 일으키는 흥분은 대중 문화에까지 퍼졌다. 1953년에 『우주 전쟁 (War of the Worlds)』이 최초로 영화로 제작되었다. 외계 우주선이 거대한 운석에 담겨서 지구에 떨어졌다. 당연히 캘리포니아 남부였다. 동네 주민들이 운석 구덩이 주위로 몰려들어서 대체 뭘까 궁금해하는데, 앤 로빈슨(Ann Robinson, 1929년~)이 연기한 1950년대에 인기 있던 매우 사랑스러운 여성적인 모습의 젊은 교사가 진 배리(Gene Barry, 1919~2009년)가 연기한 한 방문객에게 말한다. "패시픽텍에서 과학자가 한 사람 와요. 그가 말해 줄 거예요." 오늘날 같은 장면을 다시 찍는다면, 그 대사는 이렇게 바뀌어야 할 것이다. "나사와 칼텍에서 공동 조사단이 파견될 거예요. 대체 무슨 일이 일어나고 있는지 알아내려고 노력할 겁니다."

인문학에서와 마찬가지로 과학에서도 필연적으로 전문화가 이루어지면서 생물학자를 비롯한 과학자들은 점점 더 좁은 영역으로 내몰리고 있다. 한 분야의 고도로 발전된 기술과 전문 용어의 상당 부분은 설령 아주 밀접한 관련이 있는 분야라고 해도, 다른 분야의 전문가들은 기껏해야 부분적으로만 이해할 수 있을 뿐이다.

미래에도 지성의 영웅 시대가 있을까? 나는 분명히 있을 것이라고 본다. 인문학의 혁신과 통찰을 과학적 발견과 결합하는 새로운 경계 분야들에서는 특히 그럴 것이다. 우리의 감각적 공기방울의 바깥에는 창작 예술의 무수한 가능성이 있다. 문제는 이전까지 지각하지 못한 것을 인간의 의식이라는 한정된 시청각 세계로 어떻게 번역할 것인가다. 그 발전은 인간 의식의 생물학적 기원을 점점 더 명확히 파악함으로써 이루어질 것이다. 그러면 선사 시대와 역사가 일직선 위에 놓일 수 있다. 그리고 마지막으로 그 발전은 동물적인 본능으로부터 느리고 때로 고통스럽게 문화가 형성된 진화적 용광로를 이해함으로써 나올 것이다.

인간의 자기 이해를 가져올 철학자의 돌은 생물학적 진화와 문화적 진화 사이의 관계다. 인간은 왜 다른 식이 아니라, 이런저런 식으로 구성되고 행동하는 것일까? 아테네의 아고라 이래로 2,500년이 흐른 지금에야 우리는 자신의 사회적 행동 중 일부가 깊이 새겨진 본능이고, 일부는 유전적으로 부여된 성향에 따라 학습되는 것이고, 나머지는 문화적 발명품인 이유를 이해하기 시작했다. 이런 사회적 행동은 단지 현대 인간 조건을 기술하는 차원을 넘어서, 그것을 우리 장기 진화의 한 단계로서 보아야만 깊이 이해할 수 있다.

한편 철학 쪽에서는 조직 종교를 언급하기 껄끄러운 것이라는 점을 인정하고, 좀 더 솔직하게 탁 터놓고 논의할 필요가 있다. 더 정확히 말하자면, 과학과 종교가 융합된다면, 인간 조건의 이해는 각각의 부족을 정의하는 초자연적인 창세 이야기들이 개입하면서 방해를 받는다고 예상할 수 있다. 신을 믿고 사후 세계의 존재를 믿는 신학적 종교의 고양된 영적 가치를 간직하고 공유하는 것과 특정한 초자연적 창세 이야기를 채택하는 것은 전혀 다른 문제다. 어떤 창세 이야기를 믿으면, 마음 편하게 그 부족의 일원이 된다. 그러나 모든 창세 이야기가 참일 수는 없으며, 어떤 두 창세 이야기가 동시에 참일 수도 없고, 단언컨대 모두 다 거짓임을 강조하는 바다. 각 창세 이야기는 맹목적인 부족주의적 믿음만으로 유지된다.

종교 연구는 인문학의 본질적인 부분이다. 그렇다고 해도 종교는 인간 본성의 한 요소로서 연구되어야 하며, 기독교 신학대와 이슬람 마드라사에서 가르치는 특정한 창세 이야기를 통해 정의되는 신앙의 홍보 수단으로서가 아니라 진화 과정의 일부로서 연구되어야 한다.

한편 지구 전체가 디지털화한 세계에서도 인간은 여전히 동물적인 열정에 휩쓸리곤 하기 때문에, 지금의 자기 자신과 자신이 되고 싶은 것 사이에서 갈등을 빚기 때문에,

정보에 익사하는 한편으로 지혜를 갈망하고 있기 때문에, 철학을 다시금 존중받는 위치로, 이번에는 인문학적 과학과 과학적 인문학의 중심으로 돌려놓는 것이 적절할 듯하다.

어떻게 하면 그런 복권을 이룰 수 있을까? 서구 문명에서 철학이 약 150년 동안 창의성이 폭발했던 두 차례의 시기에 번창했다는 점을 염두에 두면 좋을 것이다. 앤서니 고틀리브(Anthony Gottlieb, 1956년~)는 현대 철학의 출현 역사를 다룬 『계몽의 꿈(*The Dream of Enlightenment*)』에서 그 시기의 본질을 간결하게 기술했다.

첫 번째는 기원전 5세기 중반부터 기원전 4세기 말까지 소크라테스(Socrates, 기원전 470~399), 플라톤(Platon, 기원전 428~347년), 아리스토텔레스가 활약한 아테네에서 일어났다. 두 번째는 종교 전쟁이 벌어지고 갈릴레오 갈릴레이(Galileo Galilei, 1564~1642년)의 과학이 등장하던 때에 북유럽에서 일어났다. 1630년대부터 18세기 말 프랑스 혁명 직전까지 이어졌다. 그 비교적 짧은 기간에 르네 데카르트(René Descartes, 1596~1650년), 토머스 홉스(Thomas Hobbes, 1588~1679년), 바뤼흐 스피노자(Baruch Spinoza, 1632~1677년), 존 로크(John Locke, 1632~1704년), 고트프리트 빌헬름 폰 라이프니츠(Gottfried Wilhelm von Leibniz, 1646~1716년), 데이비드 흄(David Hume, 1711~1776년),

장 자크 루소(Jean Jacques Rouseau, 1712~1778년), 볼테르(Voltaire, 1694~1778년), 즉 가장 잘 알려진 현대 철학자들의 대부분이 족적을 남겼다.

제2차 계몽 운동의 토대가 된 철학의 두 번째 융성기는 1800년대 초에는 대체로 저문 상태였다. 과학이 원대한 기대를 충족시키지 못하고, 인문학이 홀로 추가 부담을 떠맡을 수 없게 된 시기였다. 한편 오늘날 21세기 철학이라고 간주되는 것은 대체로 전문가의 견해다. 즉 어떤 현안에 대한 논평이 주로 인문학과 경제학을 전공한 학자들로부터 나온다. 현재 철학의 진정한 한계는 권위 있는 논리의 충돌이 아니라, 주로 과학에 관심을 갖지 않음으로써 비롯되는 일관성 부족이다. 이 점은 신기한데, 우리가 과학의 시대라고 정당하게 부를 수 있는 시대를 살고 있고, 과학이 인문학과 결합해 이전 계몽 운동의 정신을 되살릴 수 있는 위치에 있기 때문이다. 나는 양쪽이 만나서 공통의 탐구를 할때 마침내 철학의 원대한 의문들이 해결될 수 있다고 믿는다. 이제 전보다 더 솔직하고 훨씬 더 확신을 갖고 역사의 위대한 질문들을 다시금 할 때다.

기본적으로 우리는 인류의 의미를 더 깊이 탐구할 필요가 있다. 우리가 도대체 왜 존재하는지를 말이다. 게다가 지구에 우리보다 앞서 우리와 조금이라도 비슷한 존재가 전혀 없었는지도. 우리가 찾아 나설 성배는 의식의 본질이 무엇이며, 어떻게 기원했는가 하는 것이다. 마찬가지로 근본적인 것은 생명 전체의 기원과 증식이라는 문제다.

초점을 더 좁혀서, 양성이 존재하는 이유는 어떻게 설명해야 할까? 즉 오늘날 인정되고 있는 성별의 범위가 더 넓다는 점을 고려할 때 말이다. 애초에 성은 왜 생겨났을까? 단위 생식 방식으로, 즉 그저 우리 몸에서 싹을 틔워서 자식을 만드는 방식으로 번식을 할 수 있었다면, 삶은 그만큼 훨씬 더 단순했을 것이다. 이것은 한가한 이들의 모임이나 손님들이 식사 뒤 잡담을 하는 자리에서 하릴없이 떠드는 질문들이 아니다. 두뇌 게임도, 논리 기술을 다듬는 연습 문제도 아니다. 말 그대로 생사가 걸린 문제다.

우리는 다른 일이 일어나지 않는다면 나이를 먹어서 죽어야 한다. 어떻게 죽는지뿐만 아니라 왜 죽어야 하는지, 더 나아가 왜 성장과 노쇠가 유전자 프로그램에 따라서 정확하게 정해진 시간표로 고정되었는지도 물어야 한다. 그리고 인공 지능의 시대에 들어선 지금, 인간이 무엇인지를 정확히 정의해야 한다. 우리는 선반에 놓인 화학 물질들로부터 인간을 만들 수 있을까? 적어도 지정한 유전체를 지닌 채 시작하는 수정란 수준에서는? 그리고 그런 일이 가능하다고 입증된다면, 우리는 감정과 더 나아가 창의력까지 지닌 휴머노이드 로봇을 진지하게 논의할 필요가 있다.

나는 함께 연구하는 과학자들과 인문학자들이 새로운 철학, 즉 이 두 큰 줄기의 학문 분야에서 가장 적절하면서 최고의 것을 혼합한 철학의 지도자 역할을 할 것이라고 믿는다. 그들의 노력은 제3차 계몽 운동으로 이어질 것이다. 앞서 일어난 두 번의 계몽 운동과 달리, 이 운동은 꽤 오래 갈지 모른다. 그렇게 된다면, 우리 종은 고대 그리스의 리키아 지역에 있던 오이노안다 도시의 광장 기둥에 지금도 원형 그대로 남아 있는, 디오게네스(Diogenes, 기원전 412~323년)가 새겼다는 이성 찬미를 실현하는 방향으로 더 가까이 다가갈 것이다.

특히 이방인이라고 불리는 이들을 위해서다. 그들은 이방인이 아니기 때문이다. 지구의 지역마다 다른 나라 다른 사람들이 살지만, 이 세계 전체를 보면 모든 사람은 하나의 나라, 하나의 지구, 하나의 고향인 세계에 속하기 때문이다.

감사의 말

이 책은 필자가 다룬 여러 주제 각각의 전문가인 많은 친구들과 동료 전문가들의 도움을 받아서 구상하고 집필한 것이다. 이 책이 완성되어 나오기까지 핵심적인 역할을 한 두 사람을 언급하지 않을 수 없다. 조사와 편집을 도운 캐슬린 호턴(Kathleen M. Horton)과 노턴 앤드 컴퍼니 출판사의 자회사인 리버라인 출판사의 고문이자 편집자인 로버트 웨일(Robert Weil)에게 감사한다.

참고 문헌

1 창의성의 범위

Bly, Adam, ed. *Science is Culture: Conversations at the New Intersection of Science + Society*. New York: Harper Perennial, 2010. (한국어판 놈 촘스키 등, 애덤 블라이 엮음, 이창희 옮김, 『사이언스 이즈 컬처: 인문학과 과학의 새로운 르네상스』(동아시아, 2012년). ─옮긴이)

Boorstin, Daniel J. *The Discoverers*. New York: Random House, 1983. (한국어판 다니엘 J. 부어스틴, 이성범 옮김, 『발견자들: 세계를 탐험하고 학문을 개척한 창조정신의 역사』(전2권)(범양사출판부, 1989년). ─옮긴이)

Carroll, Joseph, Dan P. McAdams, and Edward O. Wilson, eds. *Darwin's Bridge: Uniting the Humanities and Sciences*. New York: Oxford University Press, 2016.

Greenblatt, Stephen. *The Swerve: How the World Became Modern*. New York: W. W. Norton, 2011. (한국어판 스티븐 그린블랫, 이혜원

옮김, 『1417년, 근대의 탄생: 르네상스와 한 책 사냥꾼 이야기』(까치 글방, 2013년). ─ 옮긴이)

Jones, Owen D., and Timothy H. Goldsmith. "Law and behavioral biology." *Columbia Law Review* 105, no. 2 (2005): 405 ‒ 502.

Koestler, Arthur. *The Act of Creation*. London: Hutchinson and Co., 1964.

Pinker, Steven. *The Language Instinct: The New Science of Language and Mind*. New York: William Morrow, 1994. (한국어판 스티븐 핑커, 김한영 등 옮김, 『언어본능: 마음은 어떻게 언어를 만드는가?』(소소, 2006년). ─ 옮긴이)

Poldrack, Russell A., and Martha J. Farah. "Progress and challenges in probing the human brain." *Nature* 526, no. 7573 (2015): 371 ‒ 379.

Ryan, Alan. *On Politics: A History of Political Thought, Book One: from Herodotus to Machiavelli; Book Two: from Hobbes to the Present*. New York: W. W. Norton, 2012. (한국어판 앨런 라이언, 남경태 등 옮김, 『정치사상사: 헤로도토스에서 현재까지』(문학동네, 2017년). ─ 옮긴이)

Sachs, Jeffrey D. *The Price of Civilization: Reawakening American Virtue and Prosperity*. New York: Random House, 2011. (한국어판 제프리 삭스, 김현구 옮김, 『문명의 대가: 위기의 미국이 택해야 할 경제와 윤리』(21세기북스, 2012년). ─ 옮긴이)

Watson, Peter. *Convergence: The Idea at the Heart of Science*. New York: Simon & Schuster, 2016. (한국어판 피터 왓슨, 이광일 옮김, 『컨버전스: 현대 과학사에서 일어난 가장 위대한 지적 전환』(책과함께, 2017년). ─ 옮긴이)

Wilson, Timothy D., et al. "Just think: The challenges of the disengaged mind." *Science* 345, no. 6192 (2014): 75-77.

2 인문학의 탄생

Altmann, Jeanne, and Philip Muruthi. "Differences in daily life between semiprovisioned and wild-feeding baboons." *American Journal of Primatology* 15, no. 3 (1988): 213-221.

Ball, Philip. *The Music Instinct: How Music Works and Why We Can't Do Without It.* New York: Oxford University Press, 2010.

Biesele, Megan, and Robert K. Hitchcock. *The Ju/'hoan San of Nyae Nyae and Namibian Independence: Development, Democracy, and Indigenous Voices in Southern Africa.* New York: Berghahn Books, 2011.

Cesare, Giuseppe Di, et al. "Expressing our internal states and understanding those of others." *Proceedings of the National Academy of Sciences USA* 112, no. 33 (2015): 10331 – 10335.

de Waal, Frans. *Chimpanzee Politics: Power and Sex Among Apes.* New York: Harper & Row, 1982. (한국어판 프란스 드 발, 장대익 등 옮김,『침팬지 폴리틱스: 권력 투쟁의 동물적 기원』(바다출판사, 2018년). — 옮긴이)

de Waal, Frans. *The Age of Empathy: Nature's Lesson for a Kinder Society.* New York: Random House, 2009:p. 89. (한국어판 프란스 드 발, 최재천 옮김,『공감의 시대』(김영사, 2017년). — 옮긴이)

Fox, Robin. *The Tribal Imagination: Civilization and the Savage Mind.* Cambridge, MA: Harvard University Press, 2011.

Gottschall, Jonathan. *The Rape of Troy: Evolution, Violence, and the*

World of Homer. New York: Cambridge University Press, 2008.

Greenblatt, Stephen. *The Swerve: How the World Became Modern.* New York: W. W. Norton, 2011.

Hare, Brian, and Jingzhi Tan. "How much of our cooperative behavior is human?", Frans B. M. de Waal and Pier Francesco Ferrari, eds., *The Primate Mind: Built to Connect with Other Minds.* Cambridge, MA: Harvard University Press, 2012, pp. 192 – 193.

Kramer, Adam D. I., Jamie E. Guillory, and Jeffrey T. Hancock. "Experimental evidence

of massive-scale emotional contagion through social networks." *Proceedings of the National Academy of Sciences, USA* 111, no. 24 (2014): 8788 – 8790.

Krause, Bernie. *The Great Animal Orchestra: Finding the Origins of Music In the World's Wild Places.* New York: Little, Brown, 2012. (한국어판 버니 크라우스, 장호연 옮김, 『자연의 노래를 들어라: 지구와 생물 그리고 인간의 소리풍경에 대하여』(에이도스, 2013년). — 옮긴이)

McGinn, Colin. *Philosophy of Language: The Classics Explained.* Cambridge, MA: MIT Press, 2015. (한국어판 콜린 맥긴, 박채연 등 옮김, 『언어철학』(b, 2019년). — 옮긴이)

Patel, Aniruddh D. *Music, Language, and the Brain.* New York: Oxford University Press, 2008.

Patel, Aniruddh D. *Music and the Brain.* Chantilly, VA: The Great Courses, The Teaching Co., 2015.

Thomas, Elizabeth Marshall. *The Old Way: A Story of the First People.*

New York: Farrar, Straus and Giroux, 2006. (한국어판 엘리자베스 마샬 토마스, 이나경 옮김, 『슬픈 칼라하리: 최초의 사람들에 관한 이야기』(홍익출판사, 2007년). ─ 옮긴이)

Tomasello, Michael. *The Cultural Origins of Human Cognition.* Cambridge, MA: Harvard University Press, 1999.

Wiessner, Polly W. "Embers of society: Firelight talk among the Ju/'hoansi bushmen." *Proceedings of the National Academy of Sciences, USA* 111, no. 39 (2014): 1402714035.

3 언어

Bickerton, Derek. *More than Nature Needs: Language, Mind, and Evolution.* Cambridge, MA: Harvard University Press, 2014.

Boyd, Brian. *On the Origin of Stories: Evolution, Cognition, and Fiction.* Cambridge, MA: Belknap Press of Harvard University Press, 2009. (한국어판 브라이언 보이드, 남경태 옮김, 『이야기의 기원: 인간은 왜 스토리텔링에 탐닉하는가』(휴머니스트, 2013년). ─ 옮긴이)

Carroll, Joseph. *Literary Darwinism: Evolution, Human Nature, and Literature.* New York: Routledge, 2004.

Eibl-Eibesfeldt, Irenäus. *Human Ethology.* New York: Aldine de Gruyter, 1989.

Gottschall, Jonathan. *The Rape of Troy: Evolution, Violence, and the World of Homer.* New York: Cambridge University Press, 2008.

Lamm, Ehud. "What makes humans different." *BioScience* 64, no. 10 (2014): 946 ─ 952.

Murdoch, James. "Storytelling─both fiction and nonfiction, for good and for ill─will continue to define the world." *Time*

186, no. 27/28 (2015): 39.

Pinker, Steven. *The Language Instinct: The New Science of Language and Mind.* New York: William Morrow, 1994.

Swirski, Peter. *Of Literature and Knowledge: Explorations in Narrative Thought Experiments, Evolution, and Game Theory.* New York: Routledge, 2007.

Tomasello, Michael. *The Cultural Origins of Human Cognition.* Cambridge, MA: Harvard University Press, 1999.

Tomasello, Michael. *A Natural History of Human Thinking.* Cambridge, MA: Harvard University Press, 2014. (한국어판 마이클 토마셀로, 이정원 옮김,『생각의 기원: 영장류학자가 밝히는 생각의 탄생과 진화』(이데아, 2017년). ─ 옮긴이)

Wilson, E. O. *Naturalist.* Washington, DC: Island Press, 1994. (한국어판 에드워드 윌슨, 이병훈 등 옮김,『자연주의자: 에드워드 윌슨 자서전』(민음사, 1996년). ─ 옮긴이)

4 혁신

Baldassar, Anne, et al. *Matisse, Picasso.* Paris: Éditions de la Réunion des musées nationaux, 2002.

Libaw, William H. *Painting in a World Transformed: How Modern Art Reflects Our Conflicting Responses to Science and Change.* Jefferson, NC: McFarland, 2005.

Richardson, John. *A Life of Picasso,* Vol. 3: The Triumphant Years, 1917 – 1932. New York: Knopf, 2007.

5 미학적 놀라움

Burguette, Maria, and Lui Lam, eds. *Arts: A Science Matter.* Hackensack, NJ: World Scientific Publishing, 2011.

Butter, Charles M. *Crossing Cultural Borders: Universals in Art and Their Biological Roots.* Privately published: C. M. Butter, 2010.

Hughes, Robert. *The Shock of the New: The Hundred-Year History of Modern Art.* New York: Knopf, 1988. (한국어판 로버트 휴즈, 최기득 옮김, 『새로움의 충격: 모더니즘의 도전과 환상』(미진사, 1991년). ─옮긴이)

Ornes, Stephen. "Science and culture: Of waves and wallpaper." *Proceedings of the National Academy of Sciences, USA* 112, no. 45 (2015): 13747-13748.

Powell, Eric A. "In search of a philosopher's stone." *Archaeology* 68, no. 4 (July/August 2015): 34-37.

Romero, Philip. *The Art Imperative: The Secret Power of Art.* Jerusalem: Ex Libris, 2010.

Rothenberg, David. *Survival of the Beautiful: Art, Science, and Evolution.* New York: Bloomsbury Press, 2011. (한국어판 데이비드 로텐버그, 정해원 등 옮김, 『자연의 예술가들: 설치예술가 정자새부터 나비 날개의 패턴까지, 자연에서 예술과 과학을 배우다』(궁리, 2015년). ─옮긴이)

Shaw, Tamsin. "Nietzsche: 'The lightning fire'." Review of K. Michalski, *The Flame of Eternity: An Interpretation of Nietzsche's Thought. New York Review of Books* 60, no. 16 (2013): 52-57.

Sussman, Rachel. *The Oldest Living Things in the World.* Chicago: University of Chicago Press, 2014. (한국어판 레이첼 서스만, 김

승진 옮김, 『나무의 말: 2,000살 넘은 나무가 알려준 지혜』(월북, 2020
년). — 옮긴이)

Talasek, John D. "Science and culture: Data visualization nurtures
an artistic movement." *Proceedings of the National Academy of
Sciences, USA* 112 no. 8 (2015): 2295.

Vendler, Helen. *The Ocean, the Bird, and the Scholar: Essays on Poets
and Poetry.* Cambridge, MA: Harvard University Press, 2015.

Wald, Chelsea. "Neuroscience: The aesthetic brain." *Nature* 526,
no. 7572 (2015): S2 − 53.

6 인문학의 한계

Dehaene, Stanislas. *Consciousness and the Brain: Deciphering How the
Brain Codes Our Thoughts.* New York: Viking, 2014. (한국어
판 스타니슬라스 데하네, 박인용 옮김, 『뇌의식의 탄생』(한언, 2017
년). — 옮긴이)

de Waal, Frans. *Chimpanzee Politics: Power and Sex Among Apes.* New
York: Harper & Row, 1982.

de Waal, Frans. *Are We Smart Enough to Know How Smart Animals
Are?* New York: W. W. Norton, 2016. (한국어판 프란스 드 발,
이충호 옮김, 『동물의 생각에 관한 생각: 우리는 동물이 얼마나 똑똑
한지 알 만큼 충분히 똑똑한가?』(세종서적, 2017년). — 옮긴이)

de Waal, Frans B. M., and Pier Francesco Ferrari, eds. *The Primate
Mind: Built to Connect with Other Minds.* Cambridge, MA:
Harvard University Press, 2012.

Hare, Brian, and Vanessa Woods. *The Genius of Dogs: How Dogs Are
Smarter Than You Think.* New York: Dutton, 2013.

Harpham, Geoffrey Galt. *The Humanities and the Dream of America.* Chicago: University of Chicago Press, 2011.

Krause, Bernie. *The Great Animal Orchestra: Finding the Origins of Music In the World's Wild Places.* New York: Little, Brown, 2012.

Safina, Carl. *Beyond Words: What Animals Think and Feel.* New York: Henry Holt, 2015. (한국어판 칼 사피나, 김병화 옮김, 『소리와 몸짓: 동물은 어떻게 생각과 감정을 표현하는가?』(돌베개, 2017년). ―옮긴이)

Whitehead, Hal, and Luke Rendell. *The Cultural Lives of Whales and Dolphins.* Chicago: University of Chicago Press, 2015.

7 문제의 핵심

Burns, Ken, and Ernest J. Moniz. "On the arts and sciences." *Bulletin of the American Academy of Arts & Sciences* 67, no. 2 (2014): 11-21.

Birgeneau, Robert J., et al. "Public higher education and the private sector." *Bulletin of the American Academy of Arts & Sciences* 67, no. 3 (2014): 7 - 17. Brodhead, Richard H, and John W. Rowe, eds. *The Heart of the Matter: The Humanities and Social Sciences for a Vibrant, Competitive, and Secure Nation.* Cambridge, MA: The American Academy of Arts & Sciences, 2013.

Gonch, William, and Michael Poliakoff. *A Crisis in Civic Education.* Washington, DC: American Council of Trustees and Alumni, 2016.

Pforzheimer, Carl H. III. "Humanities, education and social policy: The Commission on the Humanities and Social Sciences."

Bulletin of the American Academy of Arts & Sciences 68, no. 2 (2015):
20-21.

Saller, Richard, et al. "The humanities in the digital age." *Bulletin of the American Academy of Arts & Sciences* 67, no. 3 (2014): 25 - 35.

8 궁극 원인

Flannery, Kent, and Joyce Marcus. *The Creation of Inequality: How Our Prehistoric Ancestors Set the Stage for Monarchy, Slavery, and Empire.* Cambridge, MA: Harvard University Press, 2012. (한국어판 켄트 플래너리 등, 하윤숙 옮김, 『불평등의 창조: 인류는 왜 평등 사회에서 왕국, 노예제, 제국으로 나아갔는가』(미지북스, 2015년). ─옮긴이)

Grant, Andrew. "Evolution may favor limited life span." *Science News* 188 no. 1 (2015): 6.

Guadagnini, Walter. *Matisse.* Edison, NJ: Chartwell Books, 2004.

Hughes, Robert. *The Shock of the New: The Hundred-Year History of Modern Art.* New York: Knopf, 1988.

Shackelford, George T. M., and Claire Frèches-Thory. *Gauguin, Tahiti.* Boston: Museum of Fine Arts Publications, 2004.

Westneat, David E., and Charles W. Fox, eds. *Evolutionary Behavioral Ecology.* New York: Oxford University Press, 2010.

Wilson, E. O. *Sociobiology: The New Synthesis.* Cambridge, MA: Belknap Press of Harvard University Press, 1975.

Wilson, Edward O. *On Human Nature.* Cambridge, MA: Harvard University Press, 1978. (한국어판 에드워드 윌슨, 이한음 옮김, 『인간 본성에 대하여』(사이언스북스, 2011년). ─옮긴이)

Wilson, Edward O. *The Meaning of Human Existence*. New York: Liveright, 2014. (한국어판 에드워드 윌슨, 이한음 옮김, 『인간 존재의 의미: 지속 가능한 자유와 책임을 위하여』(사이언스북스, 2016년). ― 옮긴이)

9 토대

Gottschall, Jonathan, and David Sloan Wilson, eds. *The Literary Animal: Evolution and the Nature of Narrative*. Evanston, IL: Northwestern University Press, 2005.

Haidt, Jonathan. *The Happiness Hypothesis: Finding Modern Truth in Ancient Wisdom*. New York: Basic Books, 2006. (한국어판 조너선 헤이트, 권오열 옮김, 문용린 감수, 『행복의 가설: 고대의 지혜에 현대 심리학이 답하다』(물푸레, 2010년). ― 옮긴이)

Pagel, Mark. "Genetics: The neighbourly nature of evolution." Review of A. Wagner, *Arrival of the Fittest: Solving Evolution's Greatest Puzzle* subtitle changed to *How Nature Innovates* (New York: Current, an imprint of Penguin Books, 2015). *Nature* 514, no. 7520 (2014): 34.

Wilson, Edward O. *The Social Conquest of Earth*. New York: Liveright, 2012. (한국어판 에드워드 윌슨, 이한음 옮김, 『지구의 정복자: 우리는 어디서 왔는가, 우리는 무엇인가, 우리는 어디로 가는가?』(사이언스북스, 2013년). ― 옮긴이)

Wilson, Edward O. *The Meaning of Human Existence*. New York: Liveright, 2014.

10 돌파구

Antón, Susan C., Richard Potts, and Leslie C. Aiello. "Evolution of early Homo: An integrated biological perspective." *Science* 345, no. 6192 (2014): 45.

Brown, Kyle S. et al. "An early and enduring advanced technology originating 71,000 years ago in South Africa." *Nature* 491, no. 7425 (2012): 590 – 493.

Fox, Robin. *The Tribal Imagination: Civilization and the Savage Mind.* Cambridge, MA: Harvard University Press, 2011.

Heinrich, Bernd. *Racing the Antelope: What Animals Can Teach Us About Running and Life.* New York: Cliff Street, 2001.

Marchant, Jo. "The Awakening." *Smithsonian* 46, no. 9 (2016): 80 – 95.

Wilson, Edward O. *The Social Conquest of Earth.* New York: Liveright, 2012.

Wilson, Edward O. *The Meaning of Human Existence.* New York: Liveright, 2014.

Wrangham, Richard. *Catching Fire: How Cooking Made Us Human.* New York: Basic Books, 2009. (한국어판 리처드 랭엄, 조현욱 옮김, 『요리 본능: 불, 요리, 그리고 진화』(사이언스북스, 2011년). — 옮긴이)

11 유전적 문화

Butter, Charles M. *Crossing Cultural Borders: Universals in Art and Their Biological Roots.* Privately published: C. M. Butter, 2010.

Lumsden, Charles J., and Edward O. Wilson. *Genes, Mind, and*

Culture: The Coevolutionary Process. Cambridge, MA: Harvard University Press, 1981.

van Anders, Sari M., Jeffrey Steiger, and Katharine L. Goldey. "Effects of gendered be havior on testosterone in women and men." *Proceedings of the National Academy of Sciences, USA* 112, no. 45 (2015): 13805 – 13810.

12 인간 본성

Boardman, Jason D., Benjamin W. Domingue, and Jason M. Fletcher. "How social and genetic factors predict friendship networks." *Proceedings of the National Academy of Sciences, USA* 109, no. 43 (2012): 17377 – 17381.

Eibl-Eibesfeldt, Irenäus. *Human Ethology.* New York: Aldine de Gruyter, 1989.

Graziano, Michael S. A. *Consciousness and the Social Brain.* New York: Oxford University Press, 2013.

Haidt, Jonathan. *The Righteous Mind: Why Good People Are Divided by Politics and Religion.* New York: Pantheon Books, 2012. (한국어판 조너선 하이트, 왕수민 옮김, 『바른 마음: 나의 옳음과 그들의 옳음은 왜 다른가』(웅진지식하우스, 2014년). — 옮긴이)

Orians, Gordon H. *Snakes, Sunrises, and Shakespeare.* Chicago: University of Chicago Press, 2014.

Rychlowska, Magdalena, et al. "Heterogeneity of long-history migration explains cultural differences in reports of emotional expressivity and the functions of smiles." *Proceedings of the National Academy of Sciences, USA* 112, no.19 (2015): E2429 –

E2436.

Sussman, Anne, and Justin B. Hollander. *Cognitive Architecture: Designing for How We Respond to the Built Environment.* New York: Routledge, 2015.

Wilson, Edward O. *On Human Nature.* Cambridge, MA: Harvard University Press, 1978.

Wilson, Edward O. *The Social Conquest of Earth.* New York: Liveright, 2012.

13 자연이 어머니인 이유

Beatley, Timothy. *Biophilic Cities: Integrating Nature Into Urban Design and Planning.* Washington, DC: Island Press, 2011.

McKibben, Bill, ed. *American Earth: Environmental Writing Since Thoreau.* New York: Literary Classics of the U.S. distributed by Penguin Putnam, 2008.

Moor, Robert. *On Trails.* New York: Simon & Schuster, 2016. (한국어판 로버트 무어, 전소영 옮김, 『온 트레일스: 길에서 찾은 생명, 문화, 역사, 과학의 기록』(와이즈베리, 2017년). ─옮긴이)

Orians, Gordon H. *Snakes, Sunrises, and Shakespeare.* Chicago: University of Chicago Press, 2014.

Williams, Florence. *The Nature Fix: How Being Outside Makes You Happier, and More Creative.* New York: W. W. Norton, 2016. (한국어판 플로렌스 윌리엄스, 문희경 옮김, 『자연이 마음을 살린다: 도시생활자가 일상에 자연을 담아야 하는 과학적 이유』(더퀘스트, 2018년). ─옮긴이)

Wilson, Edward O. *The Future of Life.* New York: Alfred A. Knopf,

2002. (한국어판 에드워드 윌슨, 전방욱 옮김, 『생명의 미래』(사이언
스북스, 2005년). ─ 옮긴이)

Wilson, Edward O. *Half-Earth: Our Planet's Fight for Life.* New
York: Liveright, 2016. (한국어판 에드워드 윌슨, 이한음 옮김, 『지
구의 절반: 생명의 터전을 지키기 위한 제안』(사이언스북스, 2017
년). ─ 옮긴이)

14 사냥꾼의 황홀경

Cox, Gerard H. *Blood On My Hands.* Indianapolis, IN: Dog Ear
Publishing, 2013.

Essen, Carl von. *The Hunter's Trance: Nature, Spirit, & Ecology.* Great
Barrington, MA: Lindisfarne Books, 2007.

15 정원

Beatley, Timothy. *Biophilic Cities: Integrating Nature Into Urban Design
and Planning.* Washington, DC: Island Press, 2010. (한국어판 티
모시 비틀리, 최용호 등 옮김, 『바이오필릭 시티: 자연과 인간이 공존
하는 지속가능한 도시』(차밍시티, 2020년). ─ 옮긴이)

Buchmann, Stephen. *The Reason for Flowers: Their History, Culture,
Biology, and How They Change Our Lives.* New York: Scribner,
2015.

Dadvand, Payam, et al. "Green spaces and cognitive development in
primary school children." *Proceedings of the National Academy of
Sciences, USA* 112, no. 26 (2015): 7937 – 7942.

Kellert, Stephen R., Judith H. Heerwagen, and Martin L. Mador,
eds. *Biophilic Design: The Theory, Science, and Practice of Bringing*

Buildings to Life. Hoboken, NJ: Wiley, 2008.

Ream, Victoria Jane. *Art In Bloom*. Salt Lake City: Deseret Equity, 1997.

Tallamy, Douglas W. *Bringing Nature Home: How You Can Sustain Wildlife with Native Plants*. Portland, OR: Timber Press, 2009.

Wilson, Edward O. *Biophilia*. Cambridge, MA: Harvard University Press, 1984. (한국어판 에드워드 윌슨, 안소연 옮김, 『바이오필리아: 우리 유전자에는 생명 사랑의 본능이 새겨져 있다』(사이언스북스, 2010년). ─옮긴이)

16 은유

Donoghue, Denis. *Metaphor*. Cambridge, MA: Harvard University Press, 2014.

17 원형

Boyd, Brian, Joseph Carroll, and Jonathan Gottschall, eds. *Evolution, Literature, and Film: A Reader*. New York: Columbia University Press, 2010.

Coxworth, James E., et al. "Grandmothering life histories and human pair bonding." *Proceedings of the National Academy of Sciences, USA* 112, no. 38 (2015): 11806–11811.

Heng, Kevin, and Joshua Winn. "The next great exoplanet hunt." *American Scientist* 103, no. 3 (2015): 196–203.

McCracken, Robert D. *Director's Choice: The Greatest Film Scenes of All Time and Why*. Las Vegas, NV: Marion St. Publishing, 1999.

18 가장 동떨어진 섬

MacArthur, Robert H., and Edward O. Wilson. *The Theory of Island Biogeography.* Princeton, NJ: Princeton University Press, 1967.

Vendler, Helen. *The Ocean, the Bird, and the Scholar: Essays on Poets and Poetry.* Cambridge, MA: Harvard University Press, 2015.

19 아이러니: 마음의 승리

Sondheim, Stephen. "Send in the Clowns" from *A Little Night Music,* music and lyrics by Stephen Sondheim. New York: Studio Duplicating Service, 446 West 44th Street, 1973.

20 제3차 계몽 운동

Ayala, Francisco J. "Cloning humans? Biological, ethical, and social considerations." *Proceedings of the National Academy of Sciences, USA* 112, no. 29 (2015): 8879 – 8886.

Catapano, Peter, and Simon Critchley, eds. *The Stone Reader: Modern Philosophy in 133 Arguments.* New York: Liveright, 2016.

Cofield, Calla. "Science and culture: High concept art and experiments." *Proceedings of the National Academy of Sciences, USA* 112, no. 10 (2015): 2921.

Dance, Amber. "Science and culture: Oppenheimer goes center stage." *Proceedings of the National Academy of Sciences, USA* 112, no. 24 (2015): 7335–7336.

Gottlieb, Anthony. *The Dream of Enlightenment: The Rise of Modern Philosophy.* New York: Liveright, 2016.

Johnson, Mark. *Morality for Humans: Ethical Understanding From the Perspective of Cognitive Science.* Chicago: The University of Chicago Press, 2014. (한국어판 마크 존슨, 노양진 옮김, 『인간의 도덕: 윤리학과 인지과학』(서광사, 2017년). — 옮긴이)

Ornes, Stephen. "Science and culture: Charting the history of Western art with math." *Proceedings of the National Academy of Sciences, USA* 112, no. 25 (2015): 7619 – 7620.

Ruse, Michael, ed. *Philosophy After Darwin: Classic and Contemporary Readings.* Princeton, NJ: Princeton University Press, 2009.

Sachs, Jeffrey D. *The Price of Civilization: Reawakening American Virtue and Prosperity.* New York: Random House, 2011. (한국어판 제 프리 삭스, 김현구 옮김, 『문명의 대가: 위기의 미국이 택해야 할 경제 와 윤리』(21세기북스, 2012년). — 옮긴이)

Schich, Maximillian, et al. "A network framework of cultural history." *Science* 345, no. 6196 (2014): 558 – 562.

Simontin, Dean Keith. "After Einstein: Scientific genius is extinct." *Nature* 493, no. 7434 (2013): 602.

Tett, Gillian. *The Silo Effect: The Peril of Expertise and the Promise of Breaking Down Barriers.* New York: Simon & Schuster, 2015. (한국어판 질리언 테트, 신예경 옮김, 『사일로 이펙트: 무엇이 우리를 눈 멀게 하는가』(어크로스, 2016년). — 옮긴이)

Watson, Peter. *Convergence: The Idea at the Heart of Science.* New York: Simon & Schuster, 2016.

Weber, Andreas. *Biology of Wonder: Aliveness, Feeling, and the Metamorphosis of Science.* Gabriola Island, BC: New Society Publishers, 2016.

저작권

다음 쪽수는 모두 한국어판 종이책을 기준으로 한 것이다.

인용문

29쪽 *The Primate the Mind: Built to Connect with Other Minds,* edited by Frans B. M. de Waal and Pier Francesco Ferrari. Cambridge, Mass.: Harvard University Press. Copyright © 2012 by Frans B. M. de Waal and Pier Francesco Ferrari.

39쪽 Elizabeth Marshall Thomas. *The Old Way: A Story of the First People.* Copyright © 2006 by Elizabeth Marshall Thomas. Reprinted by permission of Farrar, Straus and Giroux. UK rights courtesy of the Kneerim & Williams Agency.

45쪽 Irenäus Eibl-Eibesfeldt. *Human Ethology.* New York: Aldine de Gruyter, 1989. Used by permission.

67쪽 Reprinted with the permission of Scribner, a division of

Simon & Schuster, Inc. from *The Great Gatsby* by F. Scott
Fitzgerald. Copyright © 1925 by Charles Scribner's Sons.
Copyright renewed © 1953 by Frances Scott Fitzgerald
Lanahan. All rights reserved.

70쪽 Benjamin Carlson. *The Wolf and His Shadow*. 2015. Ink on
illustration board. 20 x 30 inches. © Benjamin Carlson.
Illustration from 25 Fables: Aesop's Animals Illustrated, curated
by Bronwyn Minton, associate curator of art and research,
National Museum of Wildlife Art, Jackson, WY.

147쪽 M. Rychlowska, Y. Miyamoto, D. Matsumoto, U. Hess,
E. Gilboa-Schechtman, S. Kamble, and P. M. Niedenthal.
"Heterogeneity of long-history migration explains cultural
differences in reports of emotional expressivity and the
functions of smiles." *Proceedings of the National Academy of Sciences
of the United States of America,* 112 (2015), E2429 – E2436.

158쪽 Julia Roberts. YouTube speech on behalf of Conservation
International. Used by permission.

168쪽 Carl François von Essen. *The Hunter's Trance: Nature, Spirit, &
Ecology.* Great Barrington, MA: Lindisfarne Books, 2007. Used
by permission.

175쪽 Robert W. Taylor. Quote. Used by permission.

182쪽 Brief excerpt from page 50 of *Cultivating Delight: A Natural
History of My Garden* by Diane Ackerman. Copyright ©
2001 by Diane Ackerman. Reprinted by permission of
HarperCollins Publishers.

219쪽 "Somnambulisma," from *The Collected Poems of Wallace Stevens* by Wallace Stevens. Copyright © 1954 by Wallace Stevens and copyright renewed 1982 by Holly Stevens. Used by permission of Alfred A. Knopf, an imprint of the Knopf Doubleday Publishing Group, a division of Penguin Random House LLC and Faber & Faber Ltd. All rights reserved.

222쪽 Stephen Sondheim. 1973. "Send in the Clowns" from *A Little Night Music*, music and lyrics by Stephen Sondheim. © 1973 (renewed) Rilting Music, Inc. All rights administered by WB Music Corp. All rights reserved. Used by permission. Reprinted by permission of Hal Leonard LLC.

225쪽 Stephen Sondheim. 1973. "Send in the Clowns" from A Little Night Music, music and lyrics by Stephen Sondheim. © 1973 (renewed) Rilting Music, Inc. All rights administered by WB Music Corp. All rights reserved. Used by permission. Reprinted by permission of Hal Leonard LLC.

도판

14쪽 Benjamin Carlson. *The Wolf and His Shadow*. 2015. Ink on illustration board. 20 x 30 inches. © Benjamin Carlson. Illustration from 25 Fables: Aesop's Animals Illustrated, curated by Bronwyn Minton, associate curator of art and research, National Museum of Wildlife Art, Jackson, WY.

74쪽 Smith, William E. (1913-1997) © Copyright. The Lamppost. 1938. Linocut, edition 19/20; sheet: 13 x 8 1/2 in. (33 x 21.6 cm), image: 9 1/2 x 6 in. (24.1 x 15.2 cm). Gift of Reba and Dave Williams, 1999 (1999.529.150). This image requires MMA permission to license on a case-by-case basis and permission is required each time, whether for a new use or a reuse. Image copyright © The Metropolitan Museum of Art. Image source: Art Resource, NY.

105쪽 위 Clark, Robert. Photograph of Underside of an African Swallowtail. Used by permission.

105쪽 아래 McGill, Gaël. Segment of DNA. Image created with Molecular Maya (Clarafi.com). Used by permission.

찾아보기

옮긴이 이한음

서울 대학교에서 생물학을 공부한 뒤, 과학 전문 번역자이자 과학 전문 저술가로 활동하고 있다. 저서로 『투명 인간과 가상 현실 좀 아는 아바타』 등이 있다. 옮긴 책으로는 에드워드 윌슨의 『인간 존재의 의미』, 『지구의 절반』, 『지구의 정복자』, 『인간 본성에 대하여』를 비롯해 『바디: 우리 몸 안내서』, 『노화의 종말』 등이 있다.

창의성의 기원

1판 1쇄 펴냄 2020년 12월 31일
1판 3쇄 펴냄 2023년 5월 31일

지은이 에드워드 윌슨
옮긴이 이한음
펴낸이 박상준
펴낸곳 (주)사이언스북스

출판등록 1997. 3. 24.(제16-1444호)
(06027) 서울특별시 강남구 도산대로1길 62
대표전화 515-2000 팩시밀리 515-2007
편집부 517-4263 팩시밀리 514-2329

www.sciencebooks.co.kr
한국어판 ⓒ (주)사이언스북스, 2020. Printed in Seoul, Korea.
ISBN 979-11-90403-76-4 03400